インプレスR&D [NextPublishing]

技術の泉 SERIES
E-Book / Print Book

Introduction of Elastic Stack 6

これからはじめるデータ収集&分析

石井 葵／前原 応光／須田 桂伍　著

最新バージョン6対応！
進化したElastic Stackで
あらゆるデータを可視化する！

目次

はじめに ･･･ 6
　リポジトリとサポートについて ･･ 6
　表記関係について ･･･ 6
　免責事項 ･･･ 7
　底本について ･･･ 7

第1章　Elastic Stackとは ･･ 8
　1.1　主要プロダクトの紹介 ･･･ 8
　　　1.1.1　Elasticsearch ･･･ 8
　　　1.1.2　Logstash ･･･ 9
　　　1.1.3　Beats ･･･ 10
　　　1.1.4　Kibana ･･･ 11
　1.2　今後のElastic Stack ･･･ 11
　　　1.2.1　ElaticsearchへクエリをなげるしSQLが利用可能に ･････････････ 11
　　　1.2.2　X-Pack（有償）機能のソースコードを公開 ･･･････････････････ 11

第2章　GoではじめるElasticsearch ･･････････････････････････････････････ 13
　2.1　はじめに ･･･ 13
　2.2　Elasticsearch環境の準備 ･･･ 13
　2.3　クライアントライブラリの選定 ･･････････････････････････････････････ 15
　2.4　Elasticsearchでの準備 ･･･ 15
　　　2.4.1　IndexとType ･･･ 15
　　　2.4.2　Mapping ･･･ 16
　2.5　Hello, Elasticsearch with Go ･･･････････････････････････････････････ 18
　　　2.5.1　Elasticsearchにつないでみよう ･･････････････････････････････ 18
　　　2.5.2　単純なCRUD操作 ･･･ 19
　2.6　検索の基本 ･･･ 24
　　　2.6.1　Analyzerの基本 ･･ 24
　　　2.6.2　Match Query ･･･ 30
　　　2.6.3　Term Query ･･ 33
　　　2.6.4　Bool Query ･･･ 35
　2.7　ちょっと応用 ･･･ 37
　　　2.7.1　Scroll API ･･･ 37
　　　2.7.2　Multi Fields ･･･ 39
　　　2.7.3　エラーハンドリング ･･ 40

第3章　AWSでLogstashを使ってみる ･･･････････････････････････････････ 42
　3.1　実行環境を準備する ･･･ 42

2 ｜ 目次

3.1.1	想定される環境	42
3.1.2	ALBのログを準備する	43

3.2 ミドルウェアのインストール ………………………………………… 43

3.2.1	Java 8のインストール	43
3.2.2	Javaのバージョンを変更	44
3.2.3	Elasticsearchのインストール	44
3.2.4	Logstashのインストール	46
3.2.5	Kibanaのインストール	47

3.3 ミドルウェアの設定 …………………………………………………… 47

3.3.1	Elasticsearchの環境準備	48
3.3.2	Logstashの環境準備	49
3.3.3	Kibanaの環境準備	64

第4章 LogstashのGrokフィルターを極める ………………………… 70

4.1 Logstashのコンフィグの大まかな流れ ………………………………… 70

4.1.1	INPUTS	71
4.1.2	FILTERS	71
4.1.3	OUTPUTS	71

4.2 環境について ……………………………………………………………… 72

4.3 動かす前のLogstash準備 ……………………………………………… 72

4.3.1	Logstashのディレクトリ構造	72
4.3.2	confファイルの準備	72

4.4 Logstashを動かす ……………………………………………………… 73

4.5 Apacheのアクセスログを取得する …………………………………… 73

4.5.1	アクセスログを取得するための準備	74
4.5.2	アクセスログを取得する	75

4.6 Apacheのアクセスログを取得するまでのステップ ………………… 75

4.6.1	ログフォーマットを調べる	76
4.6.2	フィールド定義	76
4.6.3	GrokPatternをつくる	77
4.6.4	ClientIP	77

4.7 Grok Constructorでテスト ……………………………………………… 79

4.7.1	clientip	80
4.7.2	ident	80
4.7.3	auth	81
4.7.4	date	81
4.7.5	リクエスト	83
4.7.6	response & bytes	84
4.7.7	Grok Constructor全体テスト	84

4.8 logstashを動かしてみる ……………………………………………… 86

4.9 今度は何を取得する？ ………………………………………………… 91

4.9.1	ログフォーマットを調べる	92
4.9.2	フィールド定義	92
4.9.3	GrokPatternをつくる	93
4.9.4	共通部分	93

4.10 固有部分 ………………………………………………………………… 94

4.10.1	ASDMセッションNo.	94

目次 | 3

4.10.2 ソースIPアドレス	95
4.10.3 ステータス	95

4.11　Grok Constructorでテスト　95

4.12　logstashを動かしてみる　97

4.12.1 パターンファイル	97
4.12.2 logstash.conf	98

4.13　AWSのログを取得する　100

4.14　ELBのログを取得する　100

4.15　ログフォーマットを調べる　100

4.16　フィールド定義　101

4.17　GrokPatternをつくる　102

4.17.1 timestamp	102
4.17.2 elb	102
4.17.3 client_ip & client_port	103
4.17.4 backend_ip & backend_port	103
4.17.5 リクエストタイム3兄弟	103
4.17.6 elb_status_code & backend_status_code	103
4.17.7 received_bytes & sent_bytes	104
4.17.8 request	104
4.17.9 user_agent	105
4.17.10 ssl_cipher & ssl_protocol	105

4.18　Grok Constructorでテスト　105

4.19　logstashを動かしてみる　107

4.19.1 Install S3 Plugin	108
4.19.2 logstash.conf	108

第5章　複数のデータソースを取り扱う　111

5.1　複数データソースを取り扱うための準備　111

5.1.1 Inputの処理内容	113
5.1.2 Filter処理内容について	114
5.1.3 Output処理内容について	114
5.1.4 pipeline fileの実行	115

5.2　Multiple Pipelinesについて　115

5.2.1 Multiple Pipelinesの定義をしてみる	115
5.2.2 パイプラインファイルの分割	116
5.2.3 ログの確認	118

第6章　Beatsを体験する　119

6.1　Beats Family　119

6.2　Filebeat　119

6.2.1 Filebeatの構成について	120
6.2.2 Filebeatをインストール	121
6.2.3 Nginxの環境を構築する	121
6.2.4 FilebeatからLogstashへ転送	121
6.2.5 動作確認	125

	6.2.6	Filbeat Modules	125

6.3　Metricbeat ·· 130

6.4　Auditbeat ··· 134

第7章　Curatorを用いてIndexを操作する ·· 138

7.1　Curatorとは ··· 138
　　7.1.1　Curatorのインストール ··· 138

7.2　indexの削除 ··· 138
　　7.2.1　indexの削除操作 ·· 139

7.3　indexのCloseとOpen ·· 143
　　7.3.1　indexのClose ··· 143
　　7.3.2　indexのOpen ··· 145

第8章　Kibanaを使ってデータを可視化する ··· 148

8.1　コミットログを標準出力してみる ·· 148

8.2　Gitのコミットログをファイルに出力して、データの準備をする ··············· 150

8.3　Elastic Stackの環境構築 ··· 151
　　8.3.1　Elasticsearchの起動 ·· 152
　　8.3.2　Logstashの起動 ·· 152
　　8.3.3　Kibanaの起動 ··· 153

8.4　Kibanaを使ってGitのコミット状況を閲覧する ······································· 154
　　8.4.1　利用するindexの設定を行う ··· 154

8.5　Discoverでgit logの様子を観察する ·· 155

8.6　Visualizeで進捗を観察する ··· 156
　　8.6.1　Line Chartを作成する ·· 158
　　8.6.2　できたグラフを観察する ··· 161

8.7　この章のまとめ ·· 162

第9章　もっと便利にKibanaを利用するために ······································ 163

9.1　みんなに配慮、優しい色合い ··· 163

9.2　Dashboardの自動セットアップ ·· 163

9.3　Visualizeの種類が増加 ··· 164
　　9.3.1　Vega ·· 164

9.4　何気に嬉しい便利機能 ··· 165
　　9.4.1　Dev Toolsの入力補完 ··· 165
　　9.4.2　Chart系が一括で切り替えできる ··· 168
　　9.4.3　Discoverの検索窓にQueryのSyntax例が入っている ························· 170

著者紹介 ·· 171

はじめに

この本で取り扱っている各ツールのバージョンはElasticsearch、Logstash、Kibana共に「6.2」を使用しています。Elastic Stackはバージョンアップがかなり早いツールです。バージョンによって挙動がかなり違うため、別バージョンを使用した場合とコンフィグの書き方や操作方法が異なる場合があります。あらかじめご了承ください。

この本は次の章に別れています。

・Elastic Stackとは？
・GoではじめるElasticsearch
・AWSでLogstashを使ってみる
・LogstashのGrokフィルターを極める
・複数のデータソースを取り扱う
・Beatsを体験する
・Curatorを用いてIndexを操作する
・Kibanaを使ってデータを可視化する
・もっと便利にKibana6を利用するために

Elastic Stackとは？という方はまずはじめにElastic Stackとは？を読むと良いでしょう。基本機能の解説・インストール方法一式を紹介しています。

ローカルで試してみる場合、zipファイルをダウンロードして環境構築するのが簡単です。

この本の情報はElastic社の公式ドキュメントを元に作成していますが、本の情報を用いた開発・制作・運用に対して発生した全ての結果に対して責任を負うことはできません。必ずご自身の環境でよく検証してから導入をお願いします。

Elastic社の公式URLhttps://www.elastic.co/guide/index.html

リポジトリとサポートについて

本書に掲載されたコードと正誤表などの情報は以下のURLで公開しています。

https://github.com/Introduction-of-Elastic-Stack6/manuscript

表記関係について

本書に記載されている会社名、製品名などは、一般に各社の登録商標または商標、商品名です。会社名、製品名については、本文中では©、®、™マークなどは表示していません。

免責事項

　本書に記載された内容は、情報の提供のみを目的としています。したがって、本書を用いた開発、製作、運用は、必ずご自身の責任と判断によって行ってください。これらの情報による開発、製作、運用の結果について、著者はいかなる責任も負いません。

底本について

　本書籍は、技術系同人誌即売会「技術書典3」および「技術書典4」で頒布されたものを底本としています

第1章　Elastic Stackとは

Elastic Stack は、Elasticsearch 社が提供するプロダクトです。2016年までは、Elasticsearch、Logstash、Kibanaの頭文字をとったELK という呼び名で親しまれていました。しかし、Beats という新たなプロダクトが増えたことにより、ELK では違和感があるのと、ELK にうまい具合にB（Beatsの頭文字）を追加することも難しくなりました。そこでELK ではなく「Elastic Stack」という呼び方に統合し、主に次の4つがプロダクトとして構成されています。

- Elasticsearch
- Logstash
- Beats
- Kibana

この4つは有名かつOSS として利用できるプロダクトです。特に検索エンジンとしてのElasticsearchは競合がいないのでは？というくらいよく使われているミドルウェアです。

Elasticsearchのプロセス監視に特化したWatcher、Elasticsearch に保存されているデータの傾向を観察し異常なデータがあればアラートをあげる Machine Learningなども Elastic Stack の中に含まれています。しかし、これらのプロダクトは有償利用となるためこの本では扱いません。

Elastic Stack はやりたいことを実現できるだけのカスタマイズ性の高さ、より利便性を求めてアップデートをかけていく姿勢が魅力です。

1.1　主要プロダクトの紹介

Elasticsearh・Logstash・Kibanaの記事を読む際は、バージョンが5より前か後かをきちんと確認してください。コンセプトも少しずつ変化していますし、何より機能の統廃合が進みすぎているので昔「ELK」と呼ばれていたものと現在のElastic Stack はもはや別物です。

1.1.1　Elasticsearch

Elastic Stack で作る BI 環境 誰でもできるデータ分析入門（石井 葵著、インプレス R&D 刊）（https://nextpublishing.jp/book/8889.html）によると、Elasticsearch は、Javaで作られている分散処理型の検索エンジンです。クラスタ構成を組むことができるのが特徴なので、大規模な環境で検索エンジンとして利用されることがあります。

と説明されています。用途としては、リアルタイムデータ分析、ログ解析、全文検索などさまざまなところで利用されています。

昔 は 自 分 た ち で Elasticsearch を 構 築・運 用 す る か、AWSの 機 能 と し て Amazon Elasticsearch Service（https://aws.amazon.com/jp/elasticsearch-service/）を 利 用 するしかありませんでした。しかし、Elastic Stack5からはElasticsearch社が提供するクラウドサービス Elastic Cloud（https://www.elastic.co/jp/cloud）を利用することで、Elasticsearchの管理・バージョンアップ・データのバックアップなども柔軟に行うことができるようになりました。基盤の持ち方の選択肢が増えるのはありがたいですよね。

Elasticsearchは独自のクエリを使用してデータの問い合わせをおこなうことが特徴です。が、今後のアップデートでSQLを利用してデータの問い合わせをできるようになることが発表されています（https://www.elastic.co/jp/elasticon/conf/2017/sf/elasticsearch-sql）。SQLの方が普及率も高いので、さらにElasticsearchを便利に利用することができそうです。

1.1.2　Logstash

世の中にはたくさんのログやデータがあります。サーバー運用など、いろんなかたちで携わっている方が多いのではないでしょうか。例を挙げると、Webサービスをログから分析したり、障害対応でログの調査を行うときが考えられますね。ログに何らかの形で携わったことがある人は、一度はログやデータの解析は面倒な作業だと思ったのではないでしょうか[1]。

ログ収集し、分析するところまでいければまだましな方です。現実は、まずログ自体の取得が非常に大変で、心が折れてしまうこともあります。さらに解析対象のサーバーが1台ならいいのですが、数十台では辛さしかありません。そこでLogstashの出番です。Logstashは各環境に散らばっているログを集め、指定した対象に連携できるツールです。ログの連携だけではなく、ログの加工機能も持ち合わせています[2]。

ログの取得というとファイルからの取得を思い浮かべますが、プラグインを利用することでAmazon s3やTwitterから直接データを取得することも可能です。

類似プロダクトとしてはTresure Data社製のOSSである、fluentd（https://www.fluentd.org）が存在します。エラーのわかりやすさ、環境構築の簡単さを取るのであればfluentdを、Elastic Stackとしてプロダクトをセットで運用するのであればLogstashを利用するとよいでしょう。

Logstashはバージョン6からLogstashのプロセスを Multiple pipeline として分割できるようになりました。これを利用すると、AのデータとBのデータをLogstashで取得したいときにLogstashプロセスを2つ作ることができます。片方のプロセスが止まっても、もう片方のデータ連係は継続して行うことができるので、対障害性が上がります。詳しくは「AWSでLogstashを使ってみる」を参照してください。

---

1. 本章の筆者は面倒臭そうな作業は苦手ですが、パワーポイント作る方がもっと苦手です。
2. Elastic Stack で作る BI 環境 誰でもできるデータ分析入門（石井 葵著、インプレス R&D 刊）（https://nextpublishing.jp/book/8889.html）

1.1.3 Beats

Beatsは用途に合わせてデータを簡単に送ることができる軽量データシッパーです[3]。Go言語で作成されており、動作に必要なリソースが他プロダクトと比較して少ないことが特徴です。用途に合わせてXXBeatsというように、名前が異なります。ドキュメントも種別ごとに異なりますので、注意が必要です。

Elastic Stack 6からは`Modules`という機能が追加されました。`Modules`を利用すると、Elasticsearchへのデータ連係とKibanaのグラフ作成を自動で行ってくれます。ただし、Apacheのaccess.logなど利用できるデータが限られています。公式ドキュメント、またはKibanaのGUIで確認してください。

Filebeat

サーバーにある大量のログファイルなどのファイルを一箇所に集約する用途で用います。また、集約だけでなく、転送時にあらかじめ用意されたモジュールを利用することで、自動でパース処理を行い、ElasticsearchやLogstashに転送することが可能です。さらに取り込んだデータをビジュアライズするためのダッシュボードも用意されており、簡単に導入することができます。

Metricbeat

メトリックという名前だけあって、システムやサービスのメトリックを収集することができます。たとえば、サーバーのCPUや、メモリーの使用率、ディスクIOなどのデータだけでなく、プロセスなども収集できます。また、ビジュアライズするためのダッシュボードもあらかじめ用意されており、こちらも導入が簡単です。

サービスについても簡単に収集するためのモジュールが用意されており、PostgreSQLやDockerなどのメトリクスを取得可能です。

Packetbeat

ネットワークを流れるパケットを収集することができます。パケットを収集するためにWiresharkなどで取得する場面があると思いますが、Packetbeatはより簡単に専門的な知識がなくてもビジュアライズまで可能とするものです。さまざまなプロトコルに対応しているため、MySQLのクエリなどについてKibanaを用いてビジュアライズすることも可能です。

Winlogbeat

Windowsのイベントログを収集することができます。たとえば、Windowsサーバーを運用しており、監査目的でログオンしたユーザーを把握したい場合は、イベントIDの"ログオン: 4624"や"ログオン失敗: 4625"を指定するだけでイベントログを収集することが可能です。取得したい

---

[3] https://www.elastic.co/guide/en/beats/libbeat/current/beats-reference.html

イベントIDを指定するだけなので、簡単に導入できます。

　Windowsの動作ログを取得したい場合、1番導入が簡単で手軽なプロダクトなのではないでしょうか。

Auditbeat

　サーバーの監査ログを収集することができます。通常、auditdのログを監査ログとして利用する場面が多いと思いますが、Auditbeatを使用することで、必要な情報をグルーピングし、Elasticsearchに転送することができます（要は意識せずストアまでやってくれます）。また、Modulesに対応しているため、導入からKibanaを用いたデータの可視化までを一括で行うことができます。

Heartbeat

　サーバーの稼働状況を監視できます。ICMPでサーバーの稼働状況を把握することも可能ですし、HTTPでサービス稼働も把握することが可能です。また、TLS、認証やプロキシにも対応しているため、あらゆる状況でも稼働状況を監視することができます。

1.1.4　Kibana

　KibanaはElasticsearch内に保存されているデータを参照し、グラフを利用して可視化できるツールです。Elastic Stack 6からは拡張機能を利用することでLogstashのプロセスの流れをGUIで可視化（Logstash pipeline）することや、Elasticsearchのデータを元に閾値を超えたら通知などのアクションをすることができるようになるMachine Learningを利用できます。なお、Logstash pipelineとMachine Learningは有償になっています。

1.2　今後のElastic Stack

　2017年12月に開催されたElastic {ON} Tour Tokyoで発表された情報と、2018年2月に開催されたカンファレンスElastic {ON}で発表された情報から、注目度が高いものを記述します。

1.2.1　Elaticsearchへクエリを投げる際、SQLが利用可能に

　Elastic Stackへのクエリを投げるために、今までElasticsearch独自のクエリを書く必要がありました。しかし、独自のクエリを覚えたり調べたりするのは大変ですよね。

　今後のアップデートで、SQLクエリを利用してElasticsearhにクエリを発行できるようになります。Insertなど特定のクエリのみ、かつ標準SQLのサポートになりますが、それでも大分楽になりますね。

1.2.2　X-Pack（有償）機能のソースコードを公開

　Elasticsearch社からライセンスを購入しないと利用できない機能の名前をX-Packといいま

第1章　Elastic Stackとは　　11

す。今まではソースコードが非公開となっていました。しかし、Elastic {ON}でX-Packのソースコードが公開されることが発表されました。

有償版の機能は引き続きライセンスを買わないと使うことはできません。OSSになったわけではありません。

第2章　GoではじめるElasticsearch

2.1　はじめに

　Elasticsearchの入門情報の多くはREST APIを使ったものが多いのですが、実際にアプリケーションを作成する際は何らかの言語のSDKを利用するかと思います。そうした際に意外と「あれ、これってどうやるんだ？」となる場合が多いものです。

　そこで、本章ではElasticsearchの基本操作についてGo言語を利用して体験していきます。Elasticsearchの基本的な操作を中心に、ちょっとしたTipsについても触れていきます。

　Elasticsearchはとても多くの機能を有しています。そのため、本書で全ての機能をカバーすることは難しいです。よって、本章では代表的な機能について紹介します。

　また本章ではElasticsearchのAPIを主に扱います。

2.2　Elasticsearch環境の準備

　今回はElastic社が提供している公式Dockerイメージを利用します。次のコマンドを実行してDockerイメージを取得してください。

リスト2.1: Dockerイメージの取得

```
docker pull docker.elastic.co/elasticsearch/elasticsearch:6.2.2
```

　Dockerイメージが起動できるかを確認します。この章の後半でElasticsearchの外部プラグインをインストールします。Dockerイメージは停止するとイメージ内のデータは消えてしまいます。そのため本書ではインストールしたプラグインを保存する先としてpluginsディレクトリを作成し、Dockerイメージの起動時にマウントさせて利用します。ローカルPC上に作成したpluginsディレクトリが存在する場所でDockerイメージの起動をおこなってください。

リスト2.2: Dockerイメージの起動

```
docker run -p 9200:9200  -e "discovery.type=single-node"（紙面の都合で
改行）
-e "network.publish_host=localhost"（紙面の都合で改行）
-v plugins:/usr/share/elasticsearch/plugins（紙面の都合で改行）
docker.elastic.co/elasticsearch/elasticsearch:6.2.2
```

起動に成功すると、プロンプト上に起動ログが出力されます。ポートマッピングで指定している9200ポートは、Elasticsearchへの APIを実行するためのエンドポイントです。Elastic社のDockerイメージを利用すると、Docker起動時に環境変数経由でElasticsearchの設定を変更できます。

起動時にいくつかオプションを指定しているため解説します。

まず、オプション`discovery.type`を`single-node`に設定しています。これは Elasticsearchはクラスタを構成せず、シングルノード構成であることを明示しています。すると、起動時に自分自身をマスタノードとして設定し起動します。

次に、`network.publish_host`を`loccalhost`に設定しました。ここではElasticsearchのAPIエンドポイントとして公開するIPアドレスを指定します。指定しなかった場合、Dockerコンテナ内部のプライベートIPアドレスとなり、ローカルホストから直接Elasticsearchのエンドポイントへ接続することができないため、この設定を入れています。

Dockerが正常に起動しているか確認してみましょう。さきほどマッピングした9200ポートでElasticsearchはREST APIのエンドポイントを公開しています。リスト2.3を用いてElasticsearchの基本情報について取得できるか確認してください。

リスト2.3: Elasticsearchの起動確認

```
curl http://localhost:9200

# curl http://localhost:9200
{
  "name" : "7JNxM8W",
  "cluster_name" : "docker-cluster",
  "cluster_uuid" : "uaHKm_QGR6yzRCbH87JIcA",
  "version" : {
    "number" : "6.2.2",
    "build_hash" : "10b1edd",
    "build_date" : "2018-02-16T19:01:30.685723Z",
    "build_snapshot" : false,
    "lucene_version" : "7.2.1",
    "minimum_wire_compatibility_version" : "5.6.0",
    "minimum_index_compatibility_version" : "5.0.0"
  },
  "tagline" : "You Know, for Search"
}
```

ElasticsearchのDockerイメージの起動オプションなどは、DockerHubのドキュメント（https://hub.docker.com/_/elasticsearch/）に記載があります。

14 | 第2章 GoではじめるElasticsearch

2.3 クライアントライブラリの選定

まずはElasticsearchを操作するためのクライアントライブラリを決める必要があります。Elastic社の公式クライアントhttps://github.com/elastic/go-elasticsearchもあるのですが、現時点では依然開発中なうえにあまり活発にメンテナンスもされていません。

今回はElastic:An Elasticsearch client for the Go（https://github.com/olivere/elastic）を利用します。こちらのクライアントは開発も活発で、Elasticの早いバージョンアップにもいち早く対応しています。

本書で扱う内容もolivere/elasticのGetting Started（https://olivere.github.io/elastic/）をもとにしているため、より多くの機能の使い方などを知るためにもぜひこちらもご参照ください。

それではクライアントをインストールしましょう。今回はgo getでインストールしますが、実際のプロダクト利用時はdepなどのパッケージ管理ツールの利用をお勧めします。

また、事前にGoのインストール及びGOPATHの設定をしてください。

リスト2.4: Elastic クライアントのインストール

```
go get "github.com/olivere/elastic"
```

2.4 Elasticsearchでの準備

さて、いよいよGoでElasticsearchを操作していきましょう。その前に、検索するデータを投入するためのIndexとTypeを作成します。

2.4.1 Index と Type

Elasticsearchで検索をおこなうために、まずIndexとTypeを作成する必要があります。これらはRDBMSで例えると次のものに相当します。

・Index：スキーマ/データベース
・Type：テーブル

このようにRDBMSで例えられることが多いのですが、TypeはElasticsearch7系以降に廃止が予定されています。また5系までは1つのIndexに複数のTypeを作成できたのですが、6系では1つのIndexに1つのTypeのみ作成できる仕様へ変わっています（参考：https://www.elastic.co/guide/en/elasticsearch/reference/master/removal-of-types.html）。

本章ではElasticsearch6系を利用するため、1 Indexに1 Typeを作成します。

また、ElasticsearchはMapping定義を作成しなくてもデータを投入することもできます。その際は投入したJSONデータにあわせたMappingが自動で作成されます。

実際の検索アプリケーションでElasticsearchを利用する場合、Mapping定義によりデータス

第2章 GoではじめるElasticsearch 15

キーマを固定して利用することの方が多いかと思います。また、Mapping定義を作成すること
により各フィールド単位でより細かな検索設定をおこなうことが可能なため、本章ではMapping
定義を最初から作成して利用します。

2.4.2 Mapping

本章ではChatアプリケーションを想定したIndex/Typeをもとに操作をおこなっていきます。
Elasticsearchの操作に必要なMapping定義をリスト2.5に記述しました。

リスト2.5: 利用するMapping定義

```
{
  "mappings": {
    "chat": {
      "properties": {
        "user": {
          "type": "keyword"
        },
        "message": {
          "type": "text"
        },
        "created": {
          "type": "date"
        },
        "tag": {
          "type": "keyword"
        }
      }
    }
  }
}
```

今回はchatというTypeへドキュメントを登録していきます。また、propertiesにフィー
ルドの項目を設定します。フィールド名とそのデータ型をtypeで指定していきます。今回指定
しているデータ型について説明します。

- keywordはいわゆるString型です。後述するtext型もString型に相当します。しかしkeyword
  型の場合、そのフィールドへアナライザは適用されません。
- textはString型に相当します。text型を指定したフィールドはアナライザと呼ばれる
  Elasticsearchの高度な検索機能を利用した検索が可能となります。
- dateは日付型です。Elasticsearchへのデータ投入はJSONを介して行うため、実際にデータ
  を投入する際はdateフォーマットに即した文字列を投入することになります。

16 | 第2章 GoではじめるElasticsearch

keyword型とtext型は両者ともString型に相当します。その違いはアナライザを設定できるか否かです。詳細は後ほど説明しますが、アナライザを適用することでそのフィールドに対し高度な検索を行うことができます。一方でkeyword型はアナライザが適用されないため、完全一致での検索が求められます。また、フィールドに対してソートをおこなう場合、keyword型を指定する必要があります。

Elasticsearch6系のデータ型の詳細は公式ドキュメント（https://www.elastic.co/guide/en/elasticsearch/reference/current/mapping-types.html）を参照してください。多くのデータ型が標準でサポートされています。

それでは、このMapping定義をElasticsearchへ投入します。先ほどのMapping定義をmapping.jsonとして保存してください。本書ではcurlコマンドを利用しElasticsearchのAPIを実行します。

リスト2.6: Mappingの作成

```
curl -XPUT 'http://localhost:9200/<Index名>' -H "Content-Type:
application/json" -d @mapping.json
```

Index名に作成するIndexの名前を指定し、先ほど作成したMapping定義をPUTします。本書ではIndexとTypeの両方をchatとします。

```
# curl -XPUT http://localhost:9200/chat -H "Content-Type:
application/json" -d @mapping.json
{"acknowledged":true,"shards_acknowledged":true,"index":"chat"}⏎
```

作成されたIndexを確認します。リスト2.7のエンドポイントから指定したIndex/TypeのMapping定義を確認できます。

リスト2.7: Mappingの確認

```
curl -XGET 'http://localhost:9200/<Index名>/_mapping/<Type名>?pretty'
# curl -XGET 'http://localhost:9200/chat/_mapping/chat?pretty'
{
  "chat" : {
    "mappings" : {
      "chat" : {
        "properties" : {
          "created" : {
            "type" : "date"
          },
          "message" : {
            "type" : "text"
```

第2章　GoではじめるElasticsearch　17

```
                },
                "tag" : {
                    "type" : "keyword"
                },
                "user" : {
                    "type" : "keyword"
                }
            }
        }
    }
}
```

2.5 Hello, Elasticsearch with Go

2.5.1 Elasticsearchにつないでみよう

それではGoを使ってElasticsearchを操作していきましょう。まず始めに、さきほどDocker
で起動したElasticsearchへの接続確認をおこなうため、Elasticsearchのバージョン情報などを
取得します。

リスト2.8: Go言語を用いてElasticsearchに接続する (hello_elasticsearch.go)

```
package main

import (
        "context"
        "fmt"

        "github.com/olivere/elastic"
)

func main() {
        esURL := "http://localhost:9200"
        ctx := context.Background()

        client, err := elastic.NewClient(
                elastic.SetURL(esURL),
        )
        if err != nil {
                panic(err)
        }
```

18 │ 第2章　Goではじめる Elasticsearch

```
        info, code, err := client.Ping(esURL).Do(ctx)
        fmt.Printf("Elasticsearch version %s\n", info.Version.Number)
}
```

elastic.NewClientで ク ラ イ ア ン ト を 作 成 し ま す 。 そ の 際 に elastic.ClientOptionFuncで複数の設定を引数とすることが可能です。リスト2.8ではelastic.SetURL()にて接続する先のElasticsearchのエンドポイントを指定しています。クライアントを作成すると、そのオブジェクトを通じてElasticsearchを操作することができるようになります。Elasticsearchのバージョン情報といったシステム情報を取得する際はPingを利用します。

では実行してみましょう!

```
$ go run hello_elasticsearch.go
Elasticsearch version 6.2.2
```

ローカル環境で稼働させているElasticsearchのバージョンが表示されれば、Elasticsearchに接続できています。もし接続できない場合、正常にElasticsearchのコンテンが起動しているか、ポートマッピングが正しくおこなわれているかなどを確認してください。またリスト2.9のように、クライアント作成時にオプションを付与して試してください（以降のサンプルでも同様です）。

リスト2.9: もしElasticsearchへの接続に失敗する場合

```
client, err := elastic.NewClient(
    elastic.SetURL(esURL),
        //sniff機能を無効化
        elastic.SetSniff(false),
)
```

2.5.2 単純なCRUD操作

それではリスト2.6で作成したIndexを対象に、基本的なCRUD操作をおこなってみましょう。操作を始めるために、まずはクライアントのオブジェクトを作成します。

このクライアントオブジェクトを通じてElasticsearchを操作していきます。クライアントの作成時に次の2つのオプションを指定しています。特にSetSniffはElasticsearchのDockerコンテナへ接続する際に必要となる設定です。

操作にあたっては、さきほど作成したMappingに対応するStructを通じておこなっていきま

第2章　Goではじめる Elasticsearch　│　19

す。よって、今回サンプルとして利用する Chat Mapping に対応する Struct を定義します。

リスト2.10: Struct の定義

```
type Chat struct {
    User    string    'json:"user"'
    Message string    'json:"message"'
    Created time.Time 'json:"created"'
    Tag     string    'json:"tag"'
}
```

　Goのクライアントと Elasticsearch 間は HTTP（S）で通信され、JSONでデータのやり取りがおこなわれます。そのため、Struct には Mapping で定義したフィールド名を json タグで指定することで Mapping 定義上のフィールド名とマッピングします。

ドキュメントの登録

　まずは単一のドキュメントを登録します。Elasticsearch は登録されたドキュメントに対して、ドキュメントを一意に識別するためのドキュメント ID を付与します。ID の振り方には登録時にクライアント側で設定するか、Elasticsearch 側でランダムに振ってもらうかの二種類があります。今回は登録時にクライアント側でドキュメント ID を指定します。さきほど作成したクライアントセッションを利用して操作をおこなっていきましょう。

リスト2.11: ドキュメントの登録 (index.go)

```
package main

import (
        "context"
        "fmt"
        "time"

        "github.com/olivere/elastic"
)

type Chat struct {
        User    string    'json:"user"'
        Message string    'json:"message"'
        Created time.Time 'json:"created"'
        Tag     string    'json:"tag"'
}

func main() {
```

20 ｜ 第2章　Goではじめる Elasticsearch

```
    esURL := "http://localhost:9200"
    ctx := context.Background()
    client, err := elastic.NewClient(
            elastic.SetURL(esURL),
    )
    if err != nil {
            panic(err)
    }

    //登録するドキュメントを作成
    chatData := Chat{
            User:    "user01",
            Message: "test message",
            Created: time.Now(),
            Tag:     "tag01",
    }

    //ドキュメントIDを1として登録
    indexedDoc, err := client.Index().Index("chat"). (紙面の都合により改行)

Type("chat").Id("1").BodyJson(&chatData).Do(ctx)
    if err != nil {
            panic(err)
    }
    fmt.Printf("Index/Type: %s/%sへドキュメント(ID: %s)が登録されました\n", indexedDoc.Index, indexedDoc.Type, indexedDoc.Id)
}
$ go run index.go
Index/Type: chat/chatへドキュメント(ID: 1)が登録されました
```

ドキュメントIDによる取得

　次に先ほど登録したドキュメントを、ドキュメントIDを指定して取得します。Elastic:An Elasticsearch client for the Goでは取得したドキュメントはStrucrtに保存し直し、そのStructのフィールドを経由してデータを取得できます。

リスト2.12: ドキュメントの取得 (get.go)

```
package main

import (
```

第2章　GoではじめるElasticsearch | 21

```go
        "context"
        "encoding/json"
        "fmt"
        "time"

        "github.com/olivere/elastic"
)

type Chat struct {
        User    string   `json:"user"`
        Message string   `json:"message"`
        Created time.Time `json:"created"`
        Tag     string   `json:"tag"`
}

func main() {
        esURL := "http://localhost:9200"
        ctx := context.Background()

        client, err := elastic.NewClient(
                elastic.SetURL(esURL),
        )
        if err != nil {
                panic(err)
        }

        document, err :=
client.Get().Index("chat").Type("chat").Id("1").Do(ctx)
        if err != nil {
                panic(err)
        }

        if document.Found {
                var chat Chat
                err := json.Unmarshal(*document.Source, &chat)
                if err != nil {
                        fmt.Println(err)
                }

                fmt.Printf("Message:<%s> created by %s \n",
chat.Message, chat.User)
        }
```

```
}
$ go run get.go
essage:<test message> created by user01
```

ドキュメントの削除

　ドキュメント ID をもとに登録したドキュメントを削除します。登録したドキュメントを、ドキュメント ID を指定して取得します。

リスト 2.13: ドキュメントの削除 (delete.go)

```
package main

import (
        "context"
        "fmt"
        "time"

        "github.com/olivere/elastic"
)

type Chat struct {
        User    string    `json:"user"`
        Message string    `json:"message"`
        Created time.Time `json:"created"`
        Tag     string    `json:"tag"`
}

func main() {
        esURL := "http://localhost:9200"
        ctx := context.Background()

        client, err := elastic.NewClient(
                elastic.SetURL(esURL),
        )
        if err != nil {
                panic(err)
        }

        deletedDoc, err :=
client.Delete().Index("chat").Type("chat").Id("1").Do(ctx)
        if err != nil {
```

第 2 章　Go ではじめる Elasticsearch　23

```
            panic(err)
        }

        fmt.Println(deletedDoc.Result)
}
$ go run delete.go
deleted
```

2.6　検索の基本

さて、基本的なCRUDを通じてElasticsearchの基本をおさえたところで、検索処理について
詳しく掘り下げていきます。Elasticsearchは多くの検索機能をサポートしています。本章では
その中でも代表的な機能について取り上げます。

Elasticsearchの高度な検索を支える仕組みにAnalyzerがあります。これらの検索クエリも
Analyzerの機能を利用することで、より柔軟な検索をおこなうことができます。

まずはElasticsearchのAnalyzerについてみていきましょう。

・Match Query

　―指定した文字列での全文検索をおこないます。検索時に指定した文字列はAnalyzerによ
　　り言語処理がなされたうえで、検索がおこなれます。

・Term Query

　―指定した文字列での検索をおこないますが、Match Queryとは違い検索指定文字列が
　　Analyzeされません。たとえば、タグ検索のように指定した文字列で完全一致させたド
　　キュメントを探したい時などはTerm Queryを利用するといったケースです。

・Bool Query

　―AND/OR/NOTによる検索がおこなえます。実際にはmust/should/must_notといった
　　Elasticsearch独自の指定方法を利用します。検索条件をネストさせることも可能で、よ
　　り複雑な検索Queryを組み立てることができます。

2.6.1　Analyzerの基本

ここでAnalyzerについて簡単に説明します。Analyzerの設定は全文検索処理の要です。そ
のため、設定内容も盛り沢山ですし、自然言語処理の知識も必要となってくるため、ここでは
あくまでその触りだけを説明します。

この本をきっかけにElasticsearchにもっと興味を持っていただけた方は、Analyzerを深掘り
してみてください。

Analyzerは次の要素から構成されています。これらを組み合わせることで、より柔軟な検索
をおこなうためのインデックスを作成することが可能です。

24 ｜ 第2章　GoではじめるElasticsearch

- Tokenizer
  - ドキュメントをどのようにトークン分割するかを定義します。トークン分割にはさまざまな方法があり、有名なものだと形態素解析やN-Gramなどがあります。Tokenizerにより分割されたトークンをもとに検索文字列との比較がおこなわれます。各Analyzerは1つのTokenizerをもつことができます。
- Character filters
  - Tokenizerによるトークン分割がされる前に施す処理を定義します。たとえば検索文字列のゆらぎを吸収するために、アルファベットの大文字・小文字を全て小文字に変換したり、カタカナの全角・半角を全て半角に統一したりといった処理をトークン分割の前処理として実施します。
- Token filters
  - Tokenizerによるトークン分割がされた後に施す処理を定義します。たとえば、形態素解析のように品詞をもとにトークン分割する場合、分割後のトークンから検索には不要と思われる助詞を取り除くといった処理が該当します。

図2.1: Analyzerの構成要素

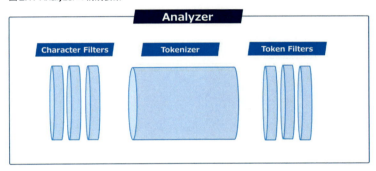

Tokenizerで形態素解析を用いた場合の例を図2.2に示します。

図2.2: Analyzerの仕組み

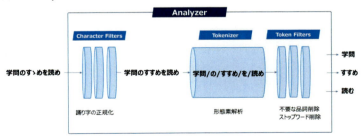

このようにTokenizerだけでなく任意のFiltersを組みあわせることで、検索要件に適したAnalyzerを作成し適用することができます。本書では日本語形態素解析プラグインである

Kuromojiを利用しAnalyzerの設定をおこなっていきます。

Kuromojiプラグインの導入

Kuromojiプラグインは標準ではElasticsearchに内蔵されていないため、追加でプラグインをインストールする必要があります。稼働しているDockerのコンテナのコンテナIDを調べbashからプラグインのインストールをおこなっていきましょう。Elasticsearchではプラグインをインストールする際にはelasticsearch-pluginを利用します。またプラグインを有効にするためにプラグインインストール後にコンテナの再起動を実施してください。

```
# docker ps

CONTAINER ID          IMAGE
9a96bafde5bd
docker.elastic.co/elasticsearch/elasticsearch-oss:6.0.0

COMMAND                    CREATED                STATUS
"/usr/local/bin/dock…"     2 hours ago            Up 2 hours

PORTS                                                       NAMES
0.0.0.0:9200->9200/tcp, 0.0.0.0:9300->9300/tcp    agitated_haibt

# docker exec -it 66cec7c14657 bash
[root@9a96bafde5bd elasticsearch]# bin/elasticsearch-plugin install
analysis-kuromoji
```

MappingへのAnalyzerの適用

先ほど作成したMapping定義をもとにAnalyzerの設定を加えていきましょう。Analyzerの設定はsettings内でおこなっていきます。Analyzerを適用したいフィールドにanalyzerを指定することで適用できます。

リスト2.14: Analyzerの設定 (analyzed_mapping.json)

```
{
  "settings": {
    "analysis": {
      "analyzer": {
        "kuromoji_analyzer": {
          "type": "custom",
          "tokenizer": "kuromoji_tokenizer",
          "char_filter": [
```

26   第2章　GoではじめるElasticsearch

```
              "kuromoji_iteration_mark"
            ],
            "filter": [
              "kuromoji_baseform",
              "kuromoji_part_of_speech",
              "ja_stop",
              "kuromoji_number",
              "kuromoji_stemmer"
            ]
          }
        }
      }
    },
    "mappings": {
      "chat": {
        "properties": {
          "user": {
            "type": "keyword"
          },
          "message": {
            "type": "text",
            "analyzer": "kuromoji_analyzer"
          },
          "created": {
            "type": "date"
          },
          "tag": {
            "type": "keyword"
          }
        }
      }
    }
}
```

　Analyzerの設定はMapping定義のanalysisでおこないます。tokenizerでトークン分割の方法を設定し、analyzerで設定したtoknenizerと各filter群を組み合わせてひとつのAnalyzerを作ります。本書では表2.1の設定でAnalyzerを設定しました。

表 2.1: 本書で利用する Analyzer

分類	分類	説明
Character Filters	kuromoji_iteration_mark	踊り字を正規化 e.g) すゝめ→すすめ
Tokenizer	kuromoji_tokenizer	日本語での形態素解析により文章をトークン化
Token Filters	kuromoji_baseform	動詞など活用になりかわる言葉を原形に変更 e.g) 読め→読む
Token Filters	kuromoji_part_of_speech	助詞など検索時に利用されない品詞を削除
Token Filters	ja_stop	文章中に頻出する or 検索で利用されない言葉を削除 e.g) あれ、それ
Token Filters	kuromoji_number	漢数字を数字に変更 e.g) 五->5
Token Filters	kuromoji_stemmer	単語の末尾につく長音を削除 e.g) サーバー→サーバ

　作成した Analyzer を適用したい Mapping フィールドに指定することで、そのフィールドに Analyzer で指定したインデクシングを施すことができます。Chat マッピングの 1 階層下に存在する、message フィールドの analyzer にさきほど作成した Analyzer を指定することで適用します。

　ここでは Mapping 定義を再作成します。

リスト 2.15: Mapping 定義の再作成

```
# curl -XDELETE 'http://localhost:9200/chat'
# curl -XPUT 'http://localhost:9200/chat' （紙面の都合により改行）
-H "Content-Type: application/json" -d @analyzed_mapping.json
```

　作成しなおしたインデックスに確認用のデータを登録します。（登録するデータがいささか少ないですが…）

リスト 2.16: テストデータの登録

```
package main

import (
        "context"
        "time"

        "github.com/olivere/elastic"
)

type Chat struct {
        User    string    `json:"user"`
        Message string    `json:"message"`
        Created time.Time `json:"created"`
```

28 　第 2 章　Go ではじめる Elasticsearch

```go
        Tag      string   'json:"tag"'
}

func main() {
        esURL := "http://localhost:9200"
        ctx := context.Background()
        client, err := elastic.NewClient(
                elastic.SetURL(esURL),
        )
        if err != nil {
                panic(err)
        }
        chatData01 := Chat{
                User:    "user01",
                Message: "明日は期末テストがあるけどなんにも勉強してな
い....",
                Created: time.Now(),
                Tag:     "試験",
        }
        chatData02 := Chat{
                User:    "user02",
                Message: "時々だけど勉強のやる気が出るけど長続きしない",
                Created: time.Now(),
                Tag:     "学習",
        }
        chatData03 := Chat{
                User:    "user03",
                Message: "あと十年あれば期末テストもきっと満点がとれたんだろう
な",
                Created: time.Now(),
                Tag:     "試験",
        }
        chatData04 := Chat{
                User:    "user04",
                Message: "ドラえもんの映画で一番すきなのは夢幻三剣士だな",
                Created: time.Now(),
                Tag:     "ドラえもん",
        }
        chatData05 := Chat{
                User:    "user05",
                Message: "世界記憶の概念、そうアカシックレコードを紐解くことで
解は導かれるのかもしれない",
```

第2章　Goではじめる Elasticsearch

```
                Created: time.Now(),
                Tag:        "ファンタジー",
        }
        _, err = client.Index().Index("chat"). (紙面の都合で 改行)
Type("chat").Id("1").BodyJson(&chatData01).Do(ctx)
        _, err = client.Index().Index("chat"). (紙面の都合で 改行)
Type("chat").Id("2").BodyJson(&chatData02).Do(ctx)
        _, err = client.Index().Index("chat"). (紙面の都合で 改行)
Type("chat").Id("3").BodyJson(&chatData03).Do(ctx)
        _, err = client.Index().Index("chat"). (紙面の都合で 改行)
Type("chat").Id("4").BodyJson(&chatData04).Do(ctx)
        _, err = client.Index().Index("chat"). (紙面の都合で 改行)
Type("chat").Id("5").BodyJson(&chatData05).Do(ctx)
        if err != nil {
                panic(err)
        }
}
```

これで準備が整いました！それでは詳細の説明に移っていきましょう。

2.6.2 Match Query

MatchQueryは全文検索の肝です。MatchQueryでは、指定した検索文字列がAnalyzerにより言語処理がなされ検索がおこなわれます。olivere/elasticで検索機能を利用する際は、client経由でSearchメソッドを実行します。Searchメソッドはelastic.SearchServiceのQueryメソッドに、検索条件を指定したelastic.MatchQueryを代入します。取得できたドキュメントをStruct経由で操作する際はreflectパッケージを使って操作します。

リスト2.17: Match Queryによる検索 (match_query.go)

```
package main

import (
        "context"
        "fmt"
        "reflect"
        "time"

        "github.com/olivere/elastic"
)

type Chat struct {
```

30 | 第2章 GoではじめるElasticsearch

```go
        User     string    `json:"user"`
        Message  string    `json:"message"`
        Created  time.Time `json:"created"`
        Tag      string    `json:"tag"`
}

func main() {
        esURL := "http://localhost:9200"
        ctx := context.Background()
        client, err := elastic.NewClient(
                elastic.SetURL(esURL),
                elastic.SetSniff(false),
        )
        if err != nil {
                panic(err)
        }

        //messageフィールドに対して"テスト"という単語を含むドキュメントを検索
        query := elastic.NewMatchQuery("message", "テスト")
        results, err :=
client.Search().Index("chat").Query(query).Do(ctx)
        if err != nil {
                panic(err)
        }

        var chattype Chat
        for _, chat := range results.Each(reflect.TypeOf(chattype)) {
                if c, ok := chat.(Chat); ok {
                        fmt.Printf("Chat message is: %s \n",
c.Message)
                }
        }
}
```

実行すると次の2つのドキュメントがヒットします。

```
# go run match_query.go
Chat message is: あと十年あれば期末テストもきっと満点がとれたんだろうな
Chat message is: 明日は期末テストがあるけどなんにも勉強してない....
```

意図したとおりのドキュメントを取得することができました！では、この検索結果はどのように導かれたのでしょうか。Analyzerで、これらのドキュメントがどのようにAnalyzeされイ

ンデクシングされているのか確認します。

リスト2.18: analyze api

```
# curl -XPOST "http://localhost:9200/<Index名>/_analyze?pretty" -H
"Content-Type: application/json" -d
  '{
    "analyzer": "Analyzer名",
    "text": "Analyze したい文字列"
  }'

# curl -XPOST "http://localhost:9200/chat/_analyze?pretty" -H
"Content-Type: application/json" -d '{"analyzer":
"kuromoji_analyzer", "text": "あと十年あれば期
末テストもきっと満点がとれたんだろうな"}'
{
  "tokens" : [
    {
      "token" : "あと",
      "start_offset" : 0,
      "end_offset" : 2,
      "type" : "word",
      "position" : 0
    },
    {
      "token" : "10",
      "start_offset" : 2,
      "end_offset" : 3,
      "type" : "word",
      "position" : 1
    },
    {
      "token" : "年",
      "start_offset" : 3,
      "end_offset" : 4,
      "type" : "word",
      "position" : 2
    },
    {
      "token" : "期末",
      "start_offset" : 7,
      "end_offset" : 9,
      "type" : "word",
```

32 | 第2章 Goではじめる Elasticsearch

```
        "position" : 5
      },
      {
        "token" : "テスト",
        "start_offset" : 9,
        "end_offset" : 12,
        "type" : "word",
        "position" : 6
      },
      {
        "token" : "きっと",
        "start_offset" : 13,
        "end_offset" : 16,
        "type" : "word",
        "position" : 8
      },
      {
        "token" : "満点",
        "start_offset" : 16,
        "end_offset" : 18,
        "type" : "word",
        "position" : 9
      },
      {
        "token" : "とれる",
        "start_offset" : 19,
        "end_offset" : 21,
        "type" : "word",
        "position" : 11
      }
    ]
}
```

「あと十年あれば期末テストもきっと満点がとれたんだろうな」は設定したAnalyzerにより
このようにトークン化されインデクシングされています。この中に「テスト」というトークン
が含まれているために意図どおりヒットしたというわけです。

2.6.3　Term Query

TermQueryを利用することで、指定した文字列を完全に含むドキュメントを検索すること
ができます。MatchQueryと違い、検索文字列がAnalyzeされないため、指定した文字列と完

全に一致する転地インデックスを検索します。そのため、たとえばタグ情報など指定した検索文字列と完全に一致させて検索をさせたい際に利用します。Elastic:An Elasticsearch client for the Go で TermQuery を利用する際は Term Query は elastic.TermQuery を利用します。elastic.NewTermQuery は検索対象のフィールドと検索文字列を指定します。

リスト 2.19: Term Query による検索 (term_query.go)

```go
package main

import (
        "context"
        "fmt"
        "reflect"
        "time"

        "github.com/olivere/elastic"
)

type Chat struct {
        User    string    `json:"user"`
        Message string    `json:"message"`
        Created time.Time `json:"created"`
        Tag     string    `json:"tag"`
}

func main() {
        esURL := "http://localhost:9200"
        ctx := context.Background()
        client, err := elastic.NewClient(
                elastic.SetURL(esURL),
                elastic.SetSniff(false),
        )
        if err != nil {
                panic(err)
        }

        //タグに「ドラえもん」をもつドキュメントを取得
        termQuery := elastic.NewTermQuery("tag", "ドラえもん")
        results, err :=
client.Search().Index("chat").Type("chat").Query(termQuery).Do(ctx)
        if err != nil {
                panic(err)
        }
```

34 | 第2章 Go ではじめる Elasticsearch

```
    var chattype Chat
    for _, chat := range results.Each(reflect.TypeOf(chattype)) {
        if c, ok := chat.(Chat); ok {
                fmt.Printf("Tag: %s and Chat message is: %s
\n", c.Tag, c.Message)
        }
    }
}
```

実行すると次のドキュメントがヒットします。

```
# go run term_query.go
Tag: tag01 and Chat message is: ドラえもんの映画で一番すきなのは夢幻三剣士だ
な
```

2.6.4 Bool Query

BoolQueryでは、MatchQueryやTermQueryなどを組み合わせたAND/OR/NOTによる検索をおこなうことが可能です。検索条件をネストさせることも可能で、より複雑な検索Queryを組み立てることができます。実際にはmust/should/must_notといった、Elasticsearch独自の指定方法を利用します。

表2.2: Elasticsearchの指定方法

Query	説明	oliver/elastic での指定方法
must	AND に相当	boolQuery := elastic.NewBoolQuery() boolQuery.Must(elastic.NewTermQuery("field", "value")
should	OR に相当	boolQuery := elastic.NewBoolQuery() boolQuery.Should(elastic.NewTermQuery("field", "value")
must_not	NOT に相当	boolQuery := elastic.NewBoolQuery() boolQuery.MustNot(elastic.NewTermQuery("field", "value")

リスト2.20: Bool Query による検索 (bool_query.go)

```
package main

import (
        "context"
        "fmt"
        "reflect"
```

第2章　Goではじめる Elasticsearch　35

```go
        "time"

        "github.com/olivere/elastic"
)

type Chat struct {
        User    string    `json:"user"`
        Message string    `json:"message"`
        Created time.Time `json:"created"`
        Tag     string    `json:"tag"`
}

func main() {
        esURL := "http://localhost:9200"
        ctx := context.Background()
        client, err := elastic.NewClient(
                elastic.SetURL(esURL),
                elastic.SetSniff(false),
        )
        if err != nil {
                panic(err)
        }

        boolQuery := elastic.NewBoolQuery()
        //messageに「テスト」もしくは「勉強」を含み、user01のメッセージ以外を検索
        boolQuery.Should(
                elastic.NewMatchQuery("message", "テスト"),
                elastic.NewMatchQuery("message", "試験"),
        )
        boolQuery.MustNot(elastic.NewTermQuery("user", "user01"))
        results, err :=
client.Search().Index("chat").Query(boolQuery).Do(ctx)
        if err != nil {
                panic(err)
        }

        var chattype Chat
        for _, chat := range results.Each(reflect.TypeOf(chattype)) {
                if c, ok := chat.(Chat); ok {
                        fmt.Printf("Chat message is: %s \n",
c.Message)
                }
```

```
    }
}
```

実行すると次のドキュメントがヒットします。

```
# go run bool_query.go
Cnat message is: あと十年あれば期末テストもきっと満点がとれたんだろうな
```

2.7　ちょっと応用

ここでは少し応用的な機能についてみていきます。

・Scroll API

——Elasticsearchが提供しているページング機能です。limit&offsetと違い、検索時のスナップショットを保持し、カーソルを利用してページの取得をおこないます。

・Multi Fields

——Multi Fieldsタイプを指定することで1つのフィールドに対してデータ型やAnalyze設定が異なる複数のフィールドを保持することができます。

・エラーハンドリング

——olivere/elasticを使った際のエラーハンドリングの方法について説明します。

利用するIndexは「検索の基本」で作成したものを引き続き利用します。

2.7.1　Scroll API

Scroll APIを利用することで、スクロールタイプのページング機能を手軽に利用することができます。Elasticsearchではlimit&offsetを用いた値の取得もできます。ただし、limit&offsetを利用した場合、検索がおこなわれる度に指定したoffsetからlimit数分のドキュメントを取得します。そのため、取得結果に抜け漏れや重複が生じる可能性があります。一方でScroll APIを利用した場合、初回検索時にスナップショットが生成されます。そのため、Scroll APIが返すスクロールIDを利用することで、初回検索時のスナップショットに対して任意の箇所からページングをおこなうことができます。

使い方はとても簡単で、elastic.ScrollServiceを介して操作することが可能です。

リスト2.21: Scroll APIを利用した検索(scroll_api.go)

```
package main

import (
```

第2章　GoではじめるElasticsearch　｜　37

```go
        "context"
        "fmt"
        "reflect"
        "time"

        "github.com/olivere/elastic"
)

type Chat struct {
        User    string    `json:"user"`
        Message string    `json:"message"`
        Created time.Time `json:"created"`
        Tag     string    `json:"tag"`
}

func main() {
        esURL := "http://localhost:9200"
        ctx := context.Background()
        client, err := elastic.NewClient(
                elastic.SetURL(esURL),
                elastic.SetSniff(false),
        )
        if err != nil {
                panic(err)
        }

        //messageに「テスト」が含まれるドキュメントを検索
        matchQuery := elastic.NewMatchQuery("message", "テスト")
        results, err :=
client.Scroll("chat").Query(matchQuery).Size(1).Do(ctx)
        if err != nil {
                panic(err)
        }

        var chatType Chat
        for _, chat := range results.Each(reflect.TypeOf(chatType)) {
                if c, ok := chat.(Chat); ok {
                        fmt.Printf("Chat message is: %s \n",
c.Message)
                }
        }
```

```
        //さきほどの検索結果からスクロールIDを取得し、前回検索結果の続きからを取得
        nextResults, err :=
client.Scroll("chat").Query(matchQuery).Size(1). (紙面の都合で 改行)
        ScrollId(results.ScrollId).Do(ctx)
        if err != nil {
                panic(err)
        }

        for _, chat := range
nextResults.Each(reflect.TypeOf(chatType)) {
                if c, ok := chat.(Chat); ok {
                        fmt.Printf("Scrolled message is: %s \n",
c.Message)
                }
        }
}
```

実行してみるとmessageに「テスト」を含む2つのドキュメントがヒットしますが、スクロールAPIを利用しSize(1)で取得しているため、次のように出力されます。

```
# go run term_query.go
Chat message is: 明日は期末テストがあるけどなんにも勉強してない....
Scrolled message is: あと十年あれば期末テストもきっと満点がとれたんだろうな
```

2.7.2　Multi Fields

Multi Fields機能を利用することで、ひとつのフィールドに対して異なるデータ型やAnalyze設定を指定することができます。といってもすぐにピンとこないかもしれませんので、実際にMulti Fieldsの設定をしているMapping定義をみていきましょう。

リスト2.22: Multi Fields の設定がされている Mapping 定義例

```
{
  "mappings": {
    "_doc": {
      "properties": {
        "user": {
          "type": "text",
          "fields": {
            "raw": {
```

第2章　Goではじめる Elasticsearch | 39

```
                    "type": "keyword"
                }
            }
        }
    }
}
```

userフィールドのtypeにmulti_fieldを指定しています。次のようにフィールドを指定して操作することができます。

・user： type textが適用されているuserフィールドにアクセスします
・user.keyword：type keywordが適用されうるフィールドにアクセスします

ドキュメントを登録する際にはこれまでどおりuserフィールドを明示して登録するだけです。たとえばMatchQueryの場合、次のようになります。

リスト2.23: user(type text)に対する検索

```
/* 省略 */

// 「テスト」が含まれるドキュメントがヒット
query := elastic.NewMatchQuery("message", "テスト")
```

リスト2.24: user(type keyword)に対する検索

```
/* 省略 */

// 「テスト」に完全一致するドキュメントがヒット
query := elastic.NewMatchQuery("message.keyword", "テスト")
```

2.7.3 エラーハンドリング

最後に、エラーハンドリングについて記載します。Elastic:An Elasticsearch client for the Goではelastic.Error経由で詳細なエラー情報を取得できます。これをもとにしてエラーハンドリングを実装することができます。

リスト2.25: エラーハンドリング

```
err := client.IndexExists("chat").Do()
if err != nil {
```

```go
    // *elastic.Errorかどうかを判別
    e, ok := err.(*elastic.Error)
    if !ok {
        //エラーハンドリングを記載
    }
    log.Printf("status %d ,error %s.", e.Status, e.Details)
}
```

第3章　AWSでLogstashを使ってみる

　AWSを利用してWebサイトを運営しているとき、ELBのアクセスログを用いてアクセス元の国やUserAgentを知りたくなることがあるかもしれません。しかし、これらの情報の中にはCloudWatchではモニタリングできないものがあります。

　でも大丈夫です！ELBはログを出力しているので、そのログを何らかの形で取得し可視化すればよいのです！ちなみに、今回はALB（Application loadbalancer）からデータを取得します。

　この章で目指すことは次の2点です。

・ALB（AWSのアプリケーションロードバランサ）のログをLogstashからElasticsearchに保存する
・Elasticsearchに保存したログをKibanaでビジュアライズできるようになる

3.1　実行環境を準備する

　Logstashの使い方を知る前に、実行環境を整える必要があります。サーバーはAWSのEC2を利用し、OSはAmazonLinuxで構築していきます。インスタンスタイプは、稼働に最低限必要なリソースのものを選択しています。OSによって発行するコマンドが変わってくるので、詳しくは公式HPを確認してください。

・Amazon Linux AMI 2017.09.1 (HVM), SSD Volume Type - ami-97785bed
・t2.medium(vCPU: 2,Mem: 4)

今回導入するミドルウェアのバージョンは次のとおりです。

・Elasticsearch 6.2.2
・Logstash 6.2.2
・Kibana 6.2.2
・Metricbeat 6.2.2
・Auditbeat 6.2.2
・Packetbeat 6.2.2

　各プロダクトはこちらのリンク（https://www.elastic.co/jp/products）からダウンロードすることが可能です。

3.1.1　想定される環境

　ユーザーがWebサイトにアクセスした際に、ALBで出力したアクセスログをS3に保存します。S3に保存されたアクセスログを、Logstashが定期的に取得する構成です。

図3.1: 本章で想定している環境構成

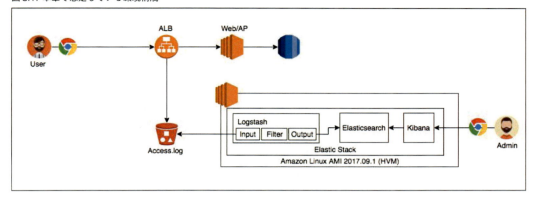

3.1.2　ALBのログを準備する

ALBのログを出力するために、ALB自体のロギングの設定を有効化する必要があります。これにより、ALBのログをS3のバケットに出力できます。

ALB自体のロギング設定・S3バケットの設定方法については本文では解説しません。AWSの公式ドキュメントなどを参考に設定してください。

3.2　ミドルウェアのインストール

次の順番で必要なミドルウェアをインストールします。

1．Java（バージョン8）
2．Elasticsearch
3．Logstash
4．Kibana

3.2.1　Java 8のインストール

Elasticsearch、Logstashの動作にはJava（バージョン8）が必要です。まずは、Javaがインストールされているかを確認します。またインストールされている場合は、Javaのバージョンを確認します。

リスト3.1: Javaのバージョンを確認する

```
java -version
```

AmazonLinuxの場合、Javaが最初からインストールされています。ただしバージョンが7のため、Java 8を新しくインストールする必要があります。

リスト3.2: Java 8のインストール

```
sudo yum -y install java-1.8.0-openjdk-devel
```

3.2.2 Javaのバージョンを変更

Javaをインストールしただけでは、OSが利用するJavaのバージョンが切り替わりません。alternativesコマンドを利用して利用するJavaのバージョンを切り替えましょう。

リスト3.3: Javaのバージョンを変更

```
sudo alternatives --config java
```

```
$ sudo alternatives --config java

There are 2 programs which provide 'java'.

  Selection    Command
-----------------------------------------------
*+ 1           /usr/lib/jvm/jre-1.7.0-openjdk.x86_64/bin/java
   2           /usr/lib/jvm/jre-1.8.0-openjdk.x86_64/bin/java

Enter to keep the current selection[+], or type selection number: 2
```

Javaのバージョンを変更した後は、もう一度java -versionでバージョンが8になっているか確認しましょう。

```
$ java -version
openjdk version "1.8.0_161"
OpenJDK Runtime Environment (build 1.8.0_161-b14)
OpenJDK 64-Bit Server VM (build 25.161-b14, mixed mode)
```

3.2.3 Elasticsearchのインストール

ここからは、Elastic Stackのインストールを行います。ただし公式ドキュメントは英語（InstallLogstash）です。やはり英語だと抵抗感を抱く人がいると思うので、本章ではできる限りわかりやすく日本語で説明します。英語のドキュメントで問題ない方はこの項は読み飛ばし

44 第3章 AWSでLogstashを使ってみる

ていただいても問題ありません。

　始めに、Elasticsearchなどのパッケージをダウンロードするため、GPGキーをインポートします。

リスト3.4: GPGキーのインポート

```
rpm --import https://artifacts.elastic.co/GPG-KEY-elasticsearch
```

　キーの登録が完了したので、YUMリポジトリを追加します。/etc/yum.repo/配下にelasticstack.repoというファイルを作成します。公式ドキュメントではlogstash.repoとなっていますが、今回はElasticsearchなども一緒にインストールするため、elasticstack.repoという名前にしました。ファイル名は自由につけてよい、ということです。

リスト3.5: elasticstack.repo の追加

```
sudo vim /etc/yum.repos.d/elasticstack.repo
[elasticstack-6.x]
name=Elastic repository for 6.x packages
baseurl=https://artifacts.elastic.co/packages/6.x/yum
gpgcheck=1
gpgkey=https://artifacts.elastic.co/GPG-KEY-elasticsearch
enabled=1
autorefresh=1
type=rpm-md
```

　Output先としてElasticsearchを利用するため、Elasticsearchをインストールします。

リスト3.6: Elasticsearch のインストール

```
sudo yum install elasticsearch
```

　Elasticsearchのバージョンを念のため確認します。

リスト3.7: Elasticsearh のバージョン確認

```
/usr/share/elasticsearch/bin/elasticsearch --version
```

```
$ /usr/share/elasticsearch/bin/elasticsearch --version
Version: 6.2.2, Build: 10b1edd/2018-02-16T19:01:30.685723Z, JVM:
```

第3章　AWSでLogstashを使ってみる　45

```
1.8.0_161
```

Elasticsearchのサービス自動起動の設定をします。

リスト3.8: サービス自動起動の設定

```
sudo chkconfig --add elasticsearch
$ sudo chkconfig --add elasticsearch
$ chkconfig --list | grep elasticsearch
elasticsearch   0:off   1:off   2:on   3:on   4:on   5:on   6:off
```

3.2.4　Logstashのインストール

ALBのログを取得するため、Logstashをインストールします。

リスト3.9: Logstashのインストール

```
sudo yum install logstash
```

インストールが完了したので、Logstashのバージョンを確認します。

リスト3.10: Logstashのバージョン確認

```
/usr/share/logstash/bin/logstash --version
```

今回はログの取得元をAWSのs3としています。s3からログを取得するには追加でプラグインをインストールする必要があります。それでは、S3 Input Plugin（https://www.elastic.co/guide/en/logstash/current/plugins-inputs-s3.html）をインストールします。

リスト3.11: S3 Input Pluginのインストール

```
/usr/share/logstash/bin/logstash-plugin install logstash-input-s3
```

```
$ /usr/share/logstash/bin/logstash-plugin install logstash-input-s3
Validating logstash-input-s3
Installing logstash-input-s3
Installation successful
```

LogstashもElasticsearchと同様、サービス自動起動の設定をしておくとよいでしょう。

46　　第3章　AWSでLogstashを使ってみる

リスト3.12: Logstashの自動起動設定

```
sudo chkconfig --add logstash
```

```
$ sudo chkconfig --add logstash
$ chkconfig --list | grep logstash
logstash        0:off   1:off   2:on    3:on    4:on    5:on    6:off
```

3.2.5　Kibanaのインストール

取得したデータを可視化するため、Kibanaをインストールします。

リスト3.13: Kibanaのインストール

```
yum install kibana
```

Kibanaも他のミドルウェアと同様に、サービス自動起動の設定を行います。

リスト3.14: Kibanaの自動起動設定

```
sudo chkconfig --add kibana
```

```
$ sudo chkconfig --add kibana
$ chkconfig --list | grep kibana
kibana        0:off   1:off   2:on    3:on    4:on    5:on    6:off
```

これで全てのインストールが完了しました。

3.3　ミドルウェアの設定

ミドルウェアに対して、必要な設定を行います。次の流れでミドルウェアの設定をします。

1．Elastcisearchの設定
2．Logststhの設定
3．Kibanaの設定

第3章　AWSでLogstashを使ってみる　47

3.3.1　Elasticsearchの環境準備

設定を変更する前に、Elasticsearchの設定ファイルが構成されているディレクトリの内容を確認しましょう。

```
/etc/elasticsearch/
├ elasticsearch.yml
├ jvm.options
└ log4j2.properties
```

/etc/elasticsearch配下に3つのファイルが配置されています。Elasticsearchを構成する際にはjvm.optionsとelasticsearch.ymlを主に設定します。log4j2.propertiesは、ログの出力形式など変更が必要な際に設定してください。

今回はjvm.optionsとelasticsearch.ymlを編集します。このふたつの設定ファイルの変更と設定について考慮が必要な点などを説明します。

jvm.optionsについて

Elasticsearchのヒープサイズを変更したい場合、jvm.optionsを編集します。たとえば、ヒープサイズの最大と最小を設定する場合は、Xms(minimum heap size)とXmx(maximum heap size)を変更します。いくつに設定すればいいの？と思う方もいるかと思いますが、これは要件によって変わってくる項目です。いくつかのポイントを挙げますが、公式ドキュメント(Settingstheheapsize:)にも考慮点が記載されているので、そちらも参考に値を決めてください。

・最小ヒープサイズ（Xms）と最大ヒープサイズ（Xmx）の値を等しくする
・ヒープサイズを上げすぎるとGCの休止を招く可能性がある
・Xmxは、物理メモリーの50%を割り当てて、ファイルシステム側にも十分に残すようにする
・割り当てるメモリーは、32GB以下にする
今回のサーバーは、メモリーを4GB搭載しているので2GBをElasticsearchに割り当てます。

リスト3.15: Elasticsearhのヒープサイズを設定

```
vim /etc/elasticsearch/jvm.options
# 下記設定に変更
-Xms2g
-Xmx2g
```

Elasticsearch.ymlについて

Elasticsearchでクラスタ構成をする場合などに設定するファイルです。今回クラスタ構成はしないので、アクセス元制限の設定のみを行います。

48　第3章　AWSでLogstashを使ってみる

network.hostを0.0.0.0に編集します。これで、どこからでもElasticsearchにアクセスできるようになります。

リスト3.16: アクセス元IPの設定

```
network.host: 0.0.0.0
```

主な設定項目を表3.1にまとめていますので、必要に応じて設定を変更してください。

表3.1: elasticsearch.yml の設定項目

No.	Item	Content
1	cluster.name: my-application	クラスタ名の指定
2	node.name	ノード名の指定
3	network.host	アクセス元のネットワークアドレスを指定することで制限をかける
4	discovery.zen.ping.unicast.hosts	クラスタを組む際にノードを指定
5	discovery.zen.minimum.master.nodes	必要最低限のノード数を指定

Elasticsearchサービス起動

Elasticsearchを起動し、動作確認をします。

リスト3.17: Elasticsearhの起動

```
service elasticsearch start
```

動作確認としてElasticsearchに対して、curlコマンドを発行します。Elasticsearchは、ローカル環境に構築しているのでlocalhostを接続先とします。ポートは設定を変更していない限り9200です。今回はデフォルト設定のままです。

リスト3.18: Elasticsearhへ接続

```
curl localhost:9200
```

Elasticsearchからレスポンスが返ってきましたね。これでElasticsearchの設定は完了です。

3.3.2 Logstashの環境準備

Elasticsearchの際と同様に、Logstashもディレクトリ構成を確認します。

```
/etc/logstash/
 ├ conf.d
```

第3章 AWSでLogstashを使ってみる 49

```
├ jvm.options
├ log4j2.properties
├ logstash.yml
├ pipelines.yml
└ startup.options
```

各ファイルやディレクトリについて説明します。

表3.2: Logstash のファイルやディレクトリ

No.	Item	Content
1	conf.d	Input/Filter/Output のパイプラインを記載したファイルの格納場所
2	jvm.options	jvm オプションの管理ファイル
3	log4j2.properties	log4j のプロパティ管理ファイル
4	logstash.yml	Logstash の設定ファイル
5	pipelines.yml	パイプラインを複数実行する際に定義するファイル
6	startup.options	Logstash 起動時に利用されるファイル

logstash.yml の編集

今回はlogstash.ymlの編集を行いませんが、`logstash.yml`の役割について解説します。

このファイルでは、パイプラインのバッチサイズやディレイ設定を行います。Logstashの動作についてのハンドリングをすることが可能です。ymlファイルのため、階層がフラットな構成で記述できます。

リスト3.19: logstash.yml

```
# hierarchical form
pipeline:
  batch:
    size: 125
    delay: 50
# flat key
pipeline.batch.size: 125
pipeline.batch.delay: 50
```

Logstash は `Input`、`Filter`、`Output`の3つで構成されています。

・Input: データの取得元を設定します。

・Filter: データを構造化するための処理内容を設定します。データの追加・削除も可能です。

・Output: データの送信先を指定します。（今回はElasticsearchを指定しています）

この一連の流れのことを**パイプライン (pipeline)** といいます。

Logstashのパイプラインを実行する

　Logstashの起動方法は、コマンド起動とサービス起動の2種類が存在します。最終的にはサービス起動を利用したほうが利便性も高いのですが、最初はコマンド起動を利用してLogstashの操作に慣れるとよいでしょう。

　Logstashを起動するため、パイプラインファイルを作成します。このパイプラインは、単純に標準入力からLogstashを通して標準出力を行うものです。そのため、InputとOutputのみの構成としています。

リスト3.20: test.confの作成

```
input {
  stdin { }
}
output {
  stdout { codec => rubydebug }
}
```

パイプラインファイルはtest.confとして保存し、/etc/logstash/conf.d/に配置します。

リスト3.21: Logstashの起動

```
/usr/share/logstash/bin/logstash -f /etc/logstash/conf.d/test.conf
```

　Logstashを起動後、任意の文字を標準入力します。入力した文字（ここではtest）がmessageに表示されればLogstashは起動しています。

　パイプラインファイルにFilterの記載は必須ではありません。InputとOutputのみで構成することが可能なのです。ただしこの場合、入力データの加工はできません。

ALBのログをLogstashで取り込む

　ここからはALBのログを利用してパイプラインを扱っていきたいと思います。ALBのログは、AWS公式ページ（AccessLogsforYourApplicationLoadBalancer:）に記載されているサンプルログを利用します。

リスト3.22: ALBのサンプルログ

```
https 2016-08-10T23:39:43.065466Z
app/my-loadbalancer/50dc6c495c0c9188
192.168.131.39:2817 10.0.0.1:80 0.086 0.048 0.037 200 200 0 57
"GET https://www.example.com:443/ HTTP/1.1" "curl/7.46.0"
ECDHE-RSA-AES128-GCM-SHA256 TLSv1.2
arn:aws:elasticloadbalancing:us-east-2:123456789012:
```

第3章　AWSでLogstashを使ってみる　　51

```
targetgroup/my-targets/73e2d6bc24d8a067
"Root=1-58337281-1d84f3d73c47ec4e58577259" www.example.com
arn:aws:acm:us-east-2:123456789012:certificate/
12345678-1234-1234-1234-123456789012
```

このサンプルログを/etc/logstash/配下にalb.logとして保存します。ファイル名は任意
です。

ログファイルの準備が整ったので、パイプラインファイルを新しく作成します。さきほど作
成したtest.confは、Inputを標準入力としていました。

今回はファイルを取り込むのでFile input pluginを使用します。このプラグインは標準
でインストールされているので、インストールは不要です。

新しくalb.confという名前でパイプラインファイルを作成します。

リスト3.23: alb.conf

```
input {
  file{
    path=>"/etc/logstash/alb.log"
    start_position=>"beginning"
    sincedb_path => "/dev/null"
  }
}
output {
  stdout { codec => rubydebug }
}
```

追記した部分について表で説明します。

表3.3: 編集部分

No.	Item	Content
1	path	取り込むファイルを指定します(ディレクトリ指定の"*"指定も可能)
2	start_position	Logstashを起動した時にどこから読み込むかの指定(デフォルトはend)
3	sincedb_path	ログファイルを前回どこまで取り込んだかを記載するファイル

alb.confを引数にLogstashを起動します。

リスト3.24: Logstashの起動

```
/usr/share/logstash/bin/logstash -f /etc/logstash/conf.d/alb.conf
```

52 | 第3章 AWSでLogstashを使ってみる

```
$ /usr/share/logstash/bin/logstash -f /etc/logstash/conf.d/alb.conf
{
    "@timestamp" => 2018-02-26T08:15:31.322Z,
          "path" => "/etc/logstash/alb.logs",
       "message" => "https 2016-08-10T23:39:43.065466Z
app/my-loadbalancer/50dc6c495c0c9188  192.168.131.39:2817 10.0.0.1:80
0.086 0.048 0.037 200 200 0 57 "GET https://www.example.com:443/
HTTP/1.1" "curl/7.46.0" ECDHE-RSA-AES128-GCM-SHA256 TLSv1.2
arn:aws:elasticloadbalancing:us-east-2:123456789012:
        targetgroup/my-targets/73e2d6bc24d8a067
"Root=1-58337281-1d84f3d73c47ec4e58577259"
        www.example.com
arn:aws:acm:us-east-2:123456789012:certificate/
        12345678-1234-1234-1234-123456789012,
      "@version" => "1",
          "host" => "ip-xxx-xx-Xx-xx"
}
```

　標準入力で実行した時と同様にmessageに取り込んだログが出力されていることがわかります。ただ、これでは構造化した形でElasticsearchにデータ転送できないので、検索性が損なわれます。messageというキーに全てのログの全てのデータが入ってしまうと、Kibanaで検索する際に不都合が発生するのです。そこで、Filterを利用してmessageからデータを分割していきます。

Logstashの Filter を使ってみる

　取得したログを正規表現でパースするためのGrokフィルターや、地理情報を得るためのGeoIPフィルターなど、Filterにはログの種別に合わせた処理をするためのプラグインが存在します。今回のALBもGrokフィルターなどを使うことで構造化したほうがよいでしょう。

　とはいえ、どのように構造化すればいいのか迷ってしまいます。まずはALBのログフォーマットを把握し、作戦を立てます。

　各フィールドを表3.4にまとめました。このようにログを取り込む前にログフォーマットを確認し、フィールド名を定義します。また、Typeで各フィールドの型を定義しています。

表3.4: ALBのログフォーマットとデータ型

Log	Field	Type
type	class	string
timestamp	date	date
elb	elb	string
client_ip	client_ip	int
client_port	target_port	int
target_ip	target_ip	int
target_port	target_port	int
request	processing time request processing time	float
target processing time	target processing time	float
response processing time	response processing time	float
elb status code	elb status code	string
target status code	target status code	string
received_bytes	received_bytes	int
sent_bytes	sent_bytes	int
request	ELB REQUEST LINE	string
user_agent	user_agent	string
ssl_cipher	ssl_cipher	string
ssl_protocol	ssl_protocol	string
target group arn	target group arn	string
trace_id	trace_id	string

　定義したフィールド単位で分割したいのでGrokフィルタを利用します。Grokフィルターは正規表現でデータやログをkey-value形式に加工することが可能です。

　パターンファイルを格納するディレクトリを作成します。パターンファイルを作成せずにパイプラインファイルのFilter内にGrokフィルターを記載することも可能ですが、可読性や管理を楽にするためパターンファイルを外出ししています。

```
$ mkdir /etc/logstash/patterns
$ ll | grep patterns
drwxr-xr-x 2 root root 4096 xxx xx xx:xx patterns
```

　ディレクトリが作成できたので、ALBのパターンファイルを作成します。また、Typeは、インデックステンプレートで作成するのが一般的かと思いますが、今回は、パターンファイルの中で指定します（いろんなやり方があるんだよという意味で）

　このパターンファイルを呼び出す時は、ファイル名の指定だけでなくGrok-Patternsの指定も必要です。ここでいうGrok-Patternsは、ALB ACCESS LOGに該当します。このALB ACCESS LOGは、任意の名前を指定することができます。

54 ｜ 第3章　AWSでLogstashを使ってみる

リスト 3.25: /etc/logstash/patterns/alb_patterns を次の通り編集

```
ALB_ACCESS_LOG %{NOTSPACE:class} %{TIMESTAMP_ISO8601:date}
%{NOTSPACE:elb}
(?:%{IP:client_ip}:%{INT:client_port:int})
(?:%{IP:backend_ip}:%{INT:backend_port:int}|-)
(:?%{NUMBER:request_processing_time:float}|-1)
(?:%{NUMBER:target_processing_time:float}|-1)
(?:%{NUMBER:response_processing_time:float}|-1)　（紙面の都合により改行）
(?:%{INT:elb_status_code}|-) (?:%{INT:target_status_code:int}|-)
 %{INT:received_bytes:int} %{INT:sent_bytes:int}
\"%{ELB_REQUEST_LINE}\" \"(?:%{DATA:user_agent}|-)\"
 (?:%{NOTSPACE:ssl_cipher}|-) (?:%{NOTSPACE:ssl_protocol}|-)　（紙面の都
合により改行）
　%{NOTSPACE:target_group_arn} \"%{NOTSPACE:trace_id}\"
```

パターンファイルを準備したので、パイプラインファイルのalb.confにFilterを追加します。

リスト 3.26: alb.conf の編集

```
input {
  file{
    path=>"/etc/logstash/alb.log"
    start_position=>"beginning"
    sincedb_path => "/dev/null"
  }
}
filter {
  grok {
    patterns_dir => ["/etc/logstash/patterns/alb_patterns"]
    match => { "message" => "%{ALB_ACCESS_LOG}" }
  }
  date {
    match => [ "date", "ISO8601" ]
    timezone => "Asia/Tokyo"
    target => "@timestamp"
  }
  geoip {
    source => "client_ip"
  }
}
output {
  stdout { codec => rubydebug }
```

第3章　AWSでLogstashを使ってみる | 55

```
}
```

　編集が完了したら、/usr/share/logstash/bin/logstash -f /etc/logstash/conf.d/alb.confでLogstashを実行します。最初に実行した時と違い、key-valueの形になっていることがわかります。

```
$ /usr/share/logstash/bin/logstash -f /etc/logstash/conf.d/alb.conf
{
                        "verb" => "GET",
    "request_processing_time" => 0.086,
                 "sent_bytes" => 57,
                 "ssl_cipher" => "ECDHE-RSA-AES128-GCM-SHA256",
                  "client_ip" => "5.10.83.30",
                    "request" => "https://www.example.com:443/",
                      "proto" => "https",
                       "port" => "443",
                 "user_agent" => "curl/7.46.0",
                      "geoip" => {
          "city_name" => "Amsterdam",
           "location" => {
            "lon" => 4.9167,
            "lat" => 52.35
        },
           "timezone" => "Europe/Amsterdam",
                 "ip" => "5.10.83.30",
        "postal_code" => "1091",
      "country_code3" => "NL",
     "continent_code" => "EU",
          "longitude" => 4.9167,
       "country_name" => "Netherlands",
        "region_name" => "North Holland",
           "latitude" => 52.35,
      "country_code2" => "NL",
        "region_code" => "NH"
    },
         "target_status_code" => 200,
                "client_port" => 2817,
               "backend_port" => 80,
                   "trace_id" =>
"Root=1-58337281-1d84f3d73c47ec4e58577259",
                      "class" => "https",
            "target_group_arn" =>
```

56 　第3章　AWSでLogstashを使ってみる

```
"arn:aws:elasticloadbalancing:us-east-2:123456789012:

targetgroup/my-targets/73e2d6bc24d8a067",
                    "urihost" => "www.example.com:443",
                       "path" => [
        [0] "/etc/logstash/alb.log",
        [1] "/"
    ]
```

　それでは、Filterで記載している内容について説明します。今回使用しているフィルターは
次のとおりです。

　1．grok

　2．date

　3．geoip

　4．mutate

　1．grok-filter

　正規表現でデータをパースする際に使用します。`patterns dir`で外出ししているパターン
ファイルを呼び出すことができます。また、`match`で`message`に取り込まれている値を対象に
Grok-Patterns（ここでいうALB ACCESS_LOG）を適用しています。

　2．date-filter

　実際のログが出力された時間を`@timestamp`に置き換えています。そのままではLogstashが
データを取得した時刻が`@timestamp`に記録されてしまうからです。今回は`date`を`@timestamp`
に置き換えています。また、タイムゾーンを日本にしたいため、"Asia/Tokyo"を指定してい
ます。

　3．geoip-filter

　IPアドレスから地理情報を取得することが可能です。[*1]たとえば、どこかのグローバルIPア
ドレスからWhoisでどこの国からのアクセスかな？と調べる時があります。その動作をそれぞ
れのログに対して行うのは大変です。しかし、geoip-filterを使用すれば、自動で地理情報を付
与してくれるのです。これはLogstashが内部で保持しているデータベースを照合して地理情報
を付与しています。

[*1] 地理情報の精度を上げたい場合は、有償版のデータをインポートする必要があります

　ここではgeoip-filterを適用するフィールドを指定します。今回は、クライアントのIPアドレ
スを元にどこからアクセスされているかを知りたいため、フィールド名の"client_ip"を指定し
ます。

　4．mutate-filter

　不要なフィールドの削除を行うなど、データやログの編集が可能です。たとえば、message

の値は、全てkey-valueで分割されて保存されています。そのため、無駄なリソースを使いたくない場合は、削除するというような運用を行います。個人的には、保存されたデータでパースが上手くいかず_grokparsefailureが発生した時の場合も踏まえると、残した方がよいのではないかと考えています。[2]

[*2] "_grokparsefailure"は、grokフィルターでパースできない場合に発生します

mutate-filterの設定を追加したalb.confは次のようになります。

リスト3.27: alb.conf に mutate-filter を追加

```
filter {
  grok {
    patterns_dir => ["/etc/logstash/patterns/alb_patterns"]
    match => { "message" => "%{ALB_ACCESS_LOG}" }
  }
  date {
    match => [ "date", "ISO8601" ]
    timezone => "Asia/Tokyo"
    target => "@timestamp"
  }
  geoip {
    source => "client_ip"
  }
  ### mutateを追加し、remove_fieldでmessageを削除
  mutate {
    remove_field => [ "message" ]
  }
}
```

これでパイプラインファイルの設定ができました。

実行時のエラーが発生した場合

コマンドラインで実行している際に次のようなエラーが発生した場合は、Logstashのプロセスがすでに立ち上がっている可能性があります。

```
$ /usr/share/logstash/bin/logstash -f conf.d/alb.conf
WARNING: Could not find logstash.yml which is typically located in
$LS_HOME/config or /etc/logstash.
You can specify the path using --path.settings. Continuing using the
defaults
Could not find log4j2 configuration at path
/usr/share/logstash/config/log4j2.properties.
Using default config which logs errors to the console
```

```
[INFO ] 2018-xx-xx xx:xx:xx.xxx [main] scaffold - Initializing module
{:module_name=>"netflow",
:directory=>"/usr/share/logstash/modules/netflow/configuration"}
[INFO ] 2018-xx-xx xx:xx:xx.xxx [main] scaffold - Initializing module
{:module_name=>"fb_apache",
:directory=>"/usr/share/logstash/modules/fb_apache/configuration"}
[WARN ] 2018-xx-xx xx:xx:xx.xxx [LogStash::Runner] multilocal -
Ignoring the 'pipelines.yml'
file because modules or command line options are specified
[FATAL] 2018-xx-xx xx:xx:xx.xxx [LogStash::Runner] runner - Logstash
could not be started
because there is already another instance using the configured data
directory.
If you wish to run multiple instances, you must change the
"path.data" setting.
[ERROR] 2018-xx-xx xx:xx:xx.xxx [LogStash::Runner] Logstash -
java.lang.IllegalStateException:
 org.jruby.exceptions.RaiseException: (SystemExit) exit
```

プロセスを強制的にkillすることで、エラーを解消することが可能です。

```
$ ps -aux | grep logstash
Warning: bad syntax, perhaps a bogus '-'? See
/usr/share/doc/procps-3.2.8/FAQ
root      32061  1.7 12.8 4811812 521780 pts/0  Tl    14:12
1:06 /usr/lib/jvm/java/bin/java -Xms2g -Xmx2g -XX:+UseParNewGC
-XX:+UseConcMarkSweepGC
-XX:CMSInitiatingOccupancyFraction=75
-XX:+UseCMSInitiatingOccupancyOnly -XX:+DisableExplicitGC
-Djava.awt.headless=true -Dfile.encoding=UTF-8
-XX:+HeapDumpOnOutOfMemoryError -cp
/usr/share/logstash/logstash-core/lib/jars/
animal-sniffer-annotations-1.14.jar:
/usr/share/logstash/logstash-core/lib/jars/commons-compiler-3.0.8.jar:
/usr/share/logstash/logstash-core/lib/jars/
error_prone_annotations-2.0.18.jar:
/usr/share/logstash/logstash-core/lib/jars/google-java-format-1.5.jar:
/usr/share/logstash/logstash-core/lib/jars/guava-22.0.jar
:/usr/share/logstash/logstash-core/lib/jars/j2objc-annotations-1.1.jar:
/usr/share/logstash/logstash-core/lib/jars/
jackson-annotations-2.9.1.jar:
/usr/share/logstash/logstash-core/lib/jars/jackson-core-2.9.1.jar:
```

```
/usr/share/logstash/logstash-core/lib/jars/jackson-databind-2.9.1.jar:
/usr/share/logstash/logstash-core/lib/jars/
jackson-dataformat-cbor-2.9.1.jar:
/usr/share/logstash/logstash-core/lib/jars/janino-3.0.8.jar:
/usr/share/logstash/logstash-core/lib/jars/
javac-shaded-9-dev-r4023-3.jar:
/usr/share/logstash/logstash-core/lib/jars/jruby-complete-9.1.13.0.jar:
/usr/share/logstash/logstash-core/lib/jars/jsr305-1.3.9.jar:
/usr/share/logstash/logstash-core/lib/jars/log4j-api-2.9.1.jar:
/usr/share/logstash/logstash-core/lib/jars/log4j-core-2.9.1.jar:
/usr/share/logstash/logstash-core/lib/jars/log4j-slf4j-impl-2.9.1.jar:
/usr/share/logstash/logstash-core/lib/jars/logstash-core.jar:
/usr/share/logstash/logstash-core/lib/jars/slf4j-api-1.7.25.jar
org.logstash.Logstash -f conf.d/alb.conf
root       32231  0.0  0.0 110468  2060 pts/0     S+    15:16    0:00 grep
--color=auto logstash
$ kill -9 32061
```

次は、いよいよInputをS3にして、OutputをElasticsearchにする設定を記述します。

Input と Output を変更する

　現在の設定は、Inputをローカルファイル指定しており、Outputが標準出力にしてあります。ここからは、Inputをs3に変更し、OutputをElasticsearchに変更します。まずは、Inputから編集します。

　1. Inputの編集

alb.confへS3からデータを取得する設定を行います。

リスト3.28: alb.conf へ s3 を Input にする設定を追記

```
input {
  s3 {
    region => "ap-northeast-1"
    bucket => "bucket"
    prefix => "directory/"
    interval => "60"
    sincedb_path => "/var/lib/logstash/sincedb_alb"
  }
}
```

各オプションについて説明します。

60 | 第3章　AWSでLogstashを使ってみる

表 3.5: S3-input-plugin の解説

No.	Item	Content
1	region	AWS のリージョンを指定
2	bucket	バケットを指定
3	prefix	バケット配下のディレクトリを指定
4	interval	バケットからログを取り込む間隔を指定(sec)
5	sincedb_path	sincedb ファイルの出力先を指定

今回は、AWSのアクセスキーとシークレットキーを指定せず、IAM Role（https://docs.aws.amazon.com/ja_jp/AWSEC2/latest/UserGuide/iam-roles-for-amazon-ec2.html）をインスタンスに割り当てています。オプションで指定することも可能ですが、セキュリティー面からIAM Role で制御しています。

２．Output の編集

最後に Output を標準出力から Elasticsearch に変更します。

リスト 3.29: Output を Elasticsearch に変更

```
output {
  elasticsearch {
    hosts => [ "localhost:9200" ]
  }
}
```

表3.6 に各オプションについて説明します。index を任意の形で指定することも可能ですが、デフォルトのままとするため、指定はしていません。デフォルトでは logstash-logs-%{+YYYYMMdd で作成されます。

表 3.6: Elasticsearch-output-plugin の解説

No.	Item	Content
1	hosts	elasticsearch の宛先を指定

これで完成です！リスト 3.30 が最終的なパイプラインの設定ファイルです。

リスト 3.30: alb.conf の設定

```
input {
  s3 {
    region => "ap-northeast-1"
    bucket => "bucket"
    prefix => "directory/"
    interval => "60"
```

第3章　AWSで Logstash を使ってみる　61

```
      sincedb_path => "/var/lib/logstash/sincedb_alb"
    }
  }
filter {
  grok {
    patterns_dir => ["/etc/logstash/patterns/alb_patterns"]
    match => { "message" => "%{ALB_ACCESS_LOG}" }
  }
  date {
    match => [ "date", "ISO8601" ]
    timezone => "Asia/Tokyo"
    target => "@timestamp"
  }
  geoip {
    source => "client_ip"
  }
}
output {
  elasticsearch {
    hosts => [ "localhost:9200" ]
  }
}
```

Logstashサービス起動

alb.confが全て記述できたので、Logstashをサービスコマンドで起動します。

リスト3.31: AWSでLogstashをサービス起動する

```
sudo initctl start logstash
```

indexが取り込まれているかを確認します。indexが日付単位で取り込まれていることがわかります。

リスト3.32: indexが作成されているか確認

```
### Index confirmation
curl -XGET localhost:9200/_cat/indices/logstash*
```

ログがElasticsearchに保存されたかも合わせて確認します。curl -XGET localhost:9200/{index}/{type}/{id}の形式で確認できます。また、?prettyを使

62 | 第3章　AWSでLogstashを使ってみる

用することでjsonが整形されます。

```
$ curl -XGET
'localhost:9200/logstash-2016.08.10/doc/DTAU02EB00Bh04bZnyp1/?pretty'
{
  "_index" : "logstash-2016.08.10",
  "_type" : "doc",
  "_id" : "DTAU02EB00Bh04bZnyp1",
  "_version" : 1,
  "found" : true,
  "_source" : {
    "message" : "https 2016-08-10T23:39:43.065466Z
app/my-loadbalancer/50dc6c495c0c9188  5.10.83.30:2817 10.0.0.1:80
0.086 0.048 0.037 200 200 0 57 \"GET https://www.example.com:443/
HTTP/1.1\" \"curl/7.46.0\" ECDHE-RSA-AES128-GCM-SHA256 TLSv1.2
arn:aws:elasticloadbalancing:us-east-2:123456789012:targetgroup/
    my-targets/73e2d6bc24d8a067
\"Root=1-58337281-1d84f3d73c47ec4e58577259\
    " www.example.com arn:aws:acm:us-east-2:123456789012:certificate/
    12345678-1234-1234-1234-123456789012",
    "path" : [
      "/etc/logstash/alb.log",
      "/"
    ],
    "client_ip" : "5.10.83.30",
    "proto" : "https",
    "httpversion" : "1.1",
    "geoip" : {
      "postal_code" : "1091",
      "country_name" : "Netherlands",
      "city_name" : "Amsterdam",
      "ip" : "5.10.83.30",
      "location" : {
        "lon" : 4.9167,
        "lat" : 52.35
      },
      "longitude" : 4.9167,
      "region_name" : "North Holland",
      "region_code" : "NH",
      "country_code3" : "NL",
      "continent_code" : "EU",
      "timezone" : "Europe/Amsterdam",
      "latitude" : 52.35,
```

第3章　AWSでLogstashを使ってみる　63

```
        "country_code2" : "NL"
    },
    "@version" : "1",
    "response_processing_time" : 0.037,
    "backend_port" : 80,
    "target_status_code" : 200,
    "user_agent" : "curl/7.46.0",
    "sent_bytes" : 57,
    "ssl_protocol" : "TLSv1.2",
    "client_port" : 2817,
    "date" : "2016-08-10T23:39:43.065466Z",
    "port" : "443",
    "target_processing_time" : 0.048,
    "elb_status_code" : "200",
    "request_processing_time" : 0.086,
    "backend_ip" : "10.0.0.1",
    "urihost" : "www.example.com:443",
    "ssl_cipher" : "ECDHE-RSA-AES128-GCM-SHA256",
    "target_group_arn" :
"arn:aws:elasticloadbalancing:us-east-2:123456789012:
    targetgroup/my-targets/73e2d6bc24d8a067",
    "host" : "ip-172-31-50-36",
    "trace_id" : "Root=1-58337281-1d84f3d73c47ec4e58577259",
    "@timestamp" : "2016-08-10T23:39:43.065Z",
    "verb" : "GET",
    "class" : "https",
    "request" : "https://www.example.com:443/",
    "elb" : "app/my-loadbalancer/50dc6c495c0c9188",
    "received_bytes" : 0
  }
}
```

Elasticsearchに取り込まれたことが確認できました。

3.3.3　Kibanaの環境準備

起動前に、Kibanaのディレクトリ構成を確認してみましょう。

```
/etc/kibana/
  └ kibana.yml
```

64　第3章　AWSでLogstashを使ってみる

kibana.ymlの編集

　Kibanaはフロント部分のため、アクセス元を絞ったり、参照するElasticsearchの指定したり
するなどが可能です。今回の設定は、アクセス元の制限はしない設定にします。方法は、IPア
ドレスによる制限になります。どこからでもアクセスできるように設定するため、0.0.0.0の
デフォルトルート設定とします（絞りたい場合は、厳密にIPアドレスを指定することで制限を
かけることが可能です）

リスト3.33: /etc/kibana/kibana.yml

```
server.host: 0.0.0.0
```

　これで設定は完了です。参照先のElasticsearchの指定は、デフォルトのままとします。デ
フォルトの設定が、ローカルホストを指定しているためです。もしリモートにElasticsearchが
ある場合は、リスト3.34のコメントアウトを外し、IPアドレスを指定してください。

リスト3.34: elasticsearch.ymlの設定

```
#elasticsearch.url: "http://localhost:9200"
```

Kibanaサービス起動

　Kibanaを起動し、動作確認をします。

リスト3.35: Kibanaの起動

```
service kibana start
```

Kibanaで取り込んだログをビジュアライズ

　Kibanaにアクセスするため、ブラウザを起動し、リスト3.36のようにIPアドレスを入力し
ます。Global_IPについては、AWSから払い出されたグローバルIPアドレスを入力してくだ
さい。

リスト3.36: KibanaにアクセスするためのURL

```
http://"Global_IP":5601
```

　詳しい操作方法は「Kibanaを使ってデータを可視化してみる！」の章も参照してください。
　Kibanaのトップページが開きますので、左ペインのManagementをクリックしてください。
また、Collapseをクリックすることで、サイドバーを縮小することができます。

第3章　AWSでLogstashを使ってみる　65

図 3.2: Management へ遷移

Index Patternsをクリックします。

図 3.3: Index の設定

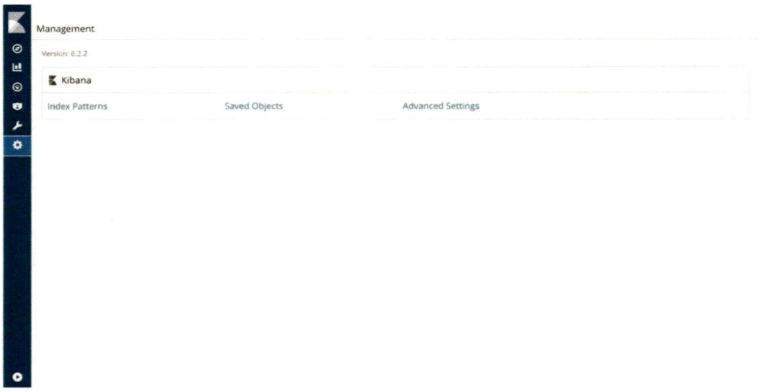

indexパターンを指定せずにElasticsearchに取り込んでいるため、logstash-YYYY.MM.DDのパターンで取り込まれます。そのため、Define index patternの欄にlogstash-*と入力します。

図 3.4: Index を選択

`Success! Your index pattern matches 1 index.`と表示されたことを確認し、`Next step`をクリックします。

図3.5: Index が選択できたことの確認

`Time Filter field name`に`@timestamp`を選択し、`Create index pattern`をクリックします。

図3.6: Index の作成

これでindexパターンの登録が完了したので、KibanaからElasticsearchのindexをビジュアライズする準備が整いました。左ペインの`Discover`をクリックします。

図 3.7: Discover

あれ？No results foundと画面に表示されており、取り込んだログがビジュアライズされてないですね。なぜならば、時刻のデフォルト設定は、Last 15 minutesのため、現在時刻から15分前までの時間がサーチ対象となっているからです。今回取り込んだログの時刻が2016-08-10T23:39:43であるため、該当する時間でサーチをかける必要があります。

図 3.8: No results found 画面

それでは、検索する時間を変更したいため、Last 15 minutesをクリックします。クリックすると、Time Rangeが表示されるので、Absoluteをクリックし、以下を入力します。

・From: 2016-08-11 00:00:00.000

・To: 2016-08-11 23:59:59.999

図 3.9: 時間の指定

　先ほどの No results found 画面ではなく、バーが表示されていることが分かるかと思います。これで取り込んだログを Kibana から確認することができました。Visualize で、グラフを作成したり世界地図などにマッピングしたりすることで好みのダッシュボードが作成できます。

第4章 LogstashのGrokフィルターを極める

4.1 Logstashのコンフィグの大まかな流れ

「AWSでLogstashを使ってみる」のサンプルコードをみると、Logstashのコンフィグの記述はかなり複雑だということがわかります。なので、この章ではLogstashのコンフィグをどのように記述するか、詳しく解説します。

Logstashでログを収集する流れの一例を図4.1に示します。

図4.1: Logstashの構造#01

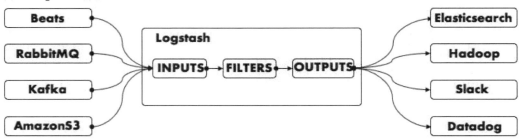

図4.2はLogstashの処理の流れを示したものです。LogstashはINPUTS・FILTERS・OUTPUTSの流れでデータを処理します。

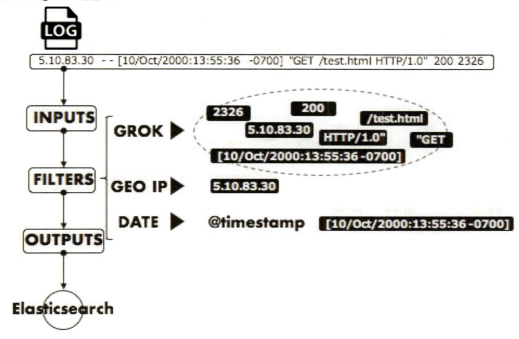

図 4.2: Logstash の構造 #02

4.1.1　INPUTS

　Logstash のデータソースとなるログは多様な形式で分散していることがほとんどですが、Logstash を利用すればさまざまなデータ形式に対応できます。たとえば、ソフトウェアのログ・サーバーのメトリクス情報・Web アプリケーションのデータ・データストア・さまざまなクラウドサービスなどからデータを収集できます。

4.1.2　FILTERS

　INPUT したデータソースを Logstash の Filter で解析し、構造化します。

　データソースの変換には、正規表現でデータをパースするための filter プラグイン grok（以降 Grok Filter と表記）や IP アドレスから地理情報を得るための filter プラグイン Geoip（以降 Geoip Filter と表記）などさまざまなフィルターライブラリ（https://www.elastic.co/guide/en/logstash/current/filter-plugins.html）が用意されています。

　この章ではこの Grok Filter にフォーカスして解説します。

4.1.3　OUTPUTS

　データを構造化したのち、任意の出力先にデータを送付します。Elasticsearch 以外の出力先も多数提供されているので、環境に合わせてデータを送付できます。

　要は、インプットデータを Logstash に食べさせると、定義したフィルターを介してデータを

構造化し、出力先に指定したところに転送してくれるという感じですね。

それでは、実際にLogstashに触れていきたいと思います。

4.2 環境について

前章までにLogstashがすでにインストールされていることを前提とします。

4.3 動かす前のLogstash準備

早速Logstashを動かしてみます。

Logstashを動かすには、`logstash.conf`（以降confファイルとします）という設定ファイルを読み込ませる必要があります。このconfファイルにINPUT・FILTER・OUTPUTを定義すると、Logstashが処理を実行します。

4.3.1 Logstashのディレクトリ構造

Logstashの設定ファイルは/etc/logstashに集約されています。

リスト4.1でディレクトリ構造と配置されているファイルの内容について記載しています。今回はrpmパッケージを使ってLogstashをインストールしています。

リスト4.1: /etc/logstashのディレクトリ構造

```
/etc/logstash/
├ conf.d（Logstashに実行させたいINPUT・FILTER・OUTPUTをディレクトリ配下に配
置する）
├ jvm.options（ヒープサイズの割り当てなどを定義する）
├ log4j2.properties（ロギング設定）
├ logstash.yml（Logstashの設定ファイル）
└ startup.options（Logstash起動設定）
```

4.3.2 confファイルの準備

Logstashを動かす前に簡単なconfファイルを作成します。confファイルの名前は、test01.confとします。また、confファイルの配置先は/etc/logstash/です。

リスト4.2: test01.conf

```
input {
  stdin {}
}
output {
```

72 　第4章　LogstashのGrokフィルターを極める

```
    stdout { codec => rubydebug }
}
```

4.4 Logstashを動かす

Logstashの起動スクリプトは/usr/share/logstash/bin/に配置されています。

リスト4.3: Logstashの起動スクリプト

```
/usr/share/logstash/bin/logstash
```

Logstashをサービス起動で実行させることもできます。しかし今回はテストとして動かした
いため、今回は起動スクリプトを使ってLogstashを起動します。オプションとして-fをつけ
て、引数にconfファイルを指定します。

では、早速実行してみます。

```
$ /usr/share/logstash/bin/logstash -f conf.d/test01.conf

# 入力を受け付けている状態
The stdin plugin is now waiting for input:

# Helloと入力
Hello
{
        "@version" => "1",
            "host" => "0.0.0.0",
      "@timestamp" => 2017-10-01T04:49:23.282Z,
         "message" => "Hello"
}
```

messageという箇所にHelloの文字が入っていますね！このmessageの部分はfield（フィー
ルド）といいます。これでLogstashの環境が整いました。

4.5 Apacheのアクセスログを取得する

それでは早速ApacheのアクセスログをLogstashで取り込みます。

今回はリスト4.4のアクセスログで試してみます。Apacheのログフォーマットは、commonと
します。

第4章 LogstashのGrokフィルターを極める | 73

5.10.83.30のグローバルIPはElasticsearch社公式HPのサンプルで使用しているグローバルIPを利用します。

リスト4.4: Apacheのアクセスログ（サンプル）

```
5.10.83.30 - - [10/Oct/2000:13:55:36 -0700] "GET /test.html HTTP/1.0"
200 2326
```

4.5.1 アクセスログを取得するための準備

標準出力の動作時と同様、test02.confという名前でconfファイルを作成します。配置先は/etc/logstashとします。

このtest02.confですが、inputにfileプラグインを記載しています。このプラグインは、インプットデータとしてファイルを指定できます。また、ログファイルを読み込み方式指定のため、start_positionオプションを利用しています。デフォルト設定ではendですが、Logstashが起動されてから追記されたログを取り込み対象としたいので、beginningを定義しています。その他にもオプションがあるので、詳しくは公式サイトのドキュメント（https://www.elastic.co/guide/en/logstash/current/plugins-inputs-file.html）を参照してください。

リスト4.5: test02.conf

```
input {
  file {
    path => "/etc/logstash/log/httpd_access.log"
    start_position => "beginning"
  }
}
output {
  stdout { codec => rubydebug }
}
```

次にログファイルの格納場所を作成し、ログを配置します。

```
# 保存先のディレクトリを作成し、       サンプルログを配置
$ mkdir log
$ vim log/httpd_access.log
5.10.83.30 - - [10/Oct/2000:13:55:36 -0700] "GET /test.html HTTP/1.0"
200 2326
```

74 | 第4章　LogstashのGrokフィルターを極める

4.5.2 アクセスログを取得する

test02.confを使用してログを取得します。test01.confのときと同様に、起動スクリプトを使ってLogstashを起動します。

```
# test02.conf を引数に Logstash を起動
$ /usr/share/logstash/bin/logstash -f conf.d/test02.conf
{
      "@version" => "1",
         "host" => "0.0.0.0",
         "path" => "/etc/logstash/log/httpd_access.log",
    "@timestamp" => 2017-10-01T05:33:29.689Z,
      "message" => "5.10.83.30 - - [10/Oct/2000:13:55:36 -0700]
\"GET /test.html HTTP/1.0\" 200 2326"
}
```

ログがmassageにひとかたまりで挿入されています。IPアドレス、バージョン、ステータスコードなどが別々にフィールドに入っている、つまりデータが個別に分類されている状態をつくりたかったのですが、意図した通りの動作ではなかったようです。

データ分析をするには、それぞれのフィールドに値が入ることで集計や分析ができます。たとえば、"SoruceIP"というフィールドに"5.10.83.30"という値が入るといったかたちです。このようにデータを取得することで、IPアドレスで分析をすることが可能になります。

それでは、どのようにフィールドと値をひもづけるのでしょうか?

LogstashはFILTERを利用することで、フィールドを識別し、適切にフィールドと値を結果に反映させることができます。

では、アクセスログを適切に取得するための方法を解説しましょう。

4.6 Apacheのアクセスログを取得するまでのステップ

ログを適切に取得するには、FILTERでログフォーマットに合わせて定義をする必要があります。ここではどのようにログを取得するかをステップを踏んで解説していきたいと思います。

リスト4.6: ログの取り込みフロー

```
1. ログフォーマットを調べる
2. フィールド定義
3. GrokPattern をつくる
4. Grok Constructor でテスト
5. Logstash を動かしてみる
```

第4章　Logstash の Grok フィルターを極める　　75

手間がかかると思う方もいるかと思いますが、ひとつひとつクリアしていくことが大切です。地味な作業が盛りだくさんですが、自分の思ったとおりにFILTERがかかったときが最高に嬉しい瞬間です！

それでは手順を個別に見ていきます。

4.6.1　ログフォーマットを調べる

ログは引き続き第3章のものを使用します。Apacheのサイトにはログのフォーマットが詳細に記載されています。

`ApacheLogFormat`（https://httpd.apache.org/docs/2.4/en/logs.html）

Apacheのアクセスログのログフォーマットは次のように構成されています。

・LogFormat "%h %l %u %t \"%r\" %>s %b" common

　—%h: サーバーへリクエストしたクライアントIP

　—%l: クライアントのアイデンティティ情報ですが、デフォルト取得しない設定になっているため、"-"（ハイフン）で表示される

　—%u: HTTP認証によるリクエストしたユーザーID（認証していない場合は、"-"）

　—%t: サーバーがリクエストを受け取った時刻

　—\"%r\": メソッド、パス、プロトコルなど

　—%>s: ステータスコード

　—%b: クライアントに送信されたオブジェクトサイズ（送れなかった時は、"-"）

4.6.2　フィールド定義

アクセスログのログフォーマットがわかったので、フィールド名を定義していきたいと思います。また、このときにタイプも定義しておきましょう。()内にタイプを記載します。

・%hは、クライアントIPということで"clientip"(string)

・%lは、アイデンティティ情報なので、"ident"(string)

・%uは、認証なので、"auth"(string)

・%tは、時刻なので"date"(date)

・\"%r\"は、いくつかに分割したいので、メソッドは、"verb"、パスは、"path"、HTTPバージョンは、"httpversion"(一式string)

・%>sは、ステータスコードなので、"response"(long)

・%bは、オブジェクトサイズなので、"bytes"(long)

上記がマッピングされると、リスト4.8のように整形されます。

リスト4.7: Apacheログの整形前データ（再掲）

```
5.10.83.30 - - [10/Oct/2000:13:55:36 -0700] "GET /test.html HTTP/1.0"
200 2326
```

リスト4.8: Apacheログの整形後データ

```
clientip: 5.10.83.30
ident: -
auth: -
date: 10/Oct/2000:13:55:36 -0700
verb: GET
path: /test.html
httpversion: 1.0
response: 200
bytes: 2326
```

4.6.3　GrokPatternをつくる

Grok Filterには、GrokPattern（https://github.com/elastic/logstash/blob/v1.4.2/patterns /grok-patterns）という形であらかじめ正規表現のパターン定義が用意されているので、これを使います。

ただし、GrokPatternにないものは自分で作成する必要があります。これについては後述します。

それでは、ここからは各フィールドを見ながらGrokPatternを作成します。GrokPatternを作成する、ログを左から順に攻略していくのが重要です。これを念頭において進めます。

なお、GrokFilterの書き方は後ほど詳しく説明します。

それでは、先ほどフィールド定義した順番で解説していきます。

4.6.4　ClientIP

ClientIPということで、IPアドレスにマッチさせる必要があります。まずは、IPアドレスにマッチさせるためのGrokPatternがすでにないか、GrokPatternのサイト上で確認します。

リスト4.9: ClientIP の GrokPattern

```
IPORHOST (?:%{HOSTNAME}|%{IP})
```

IPORHOST内は%{HOSTNAME}と%{IP}で構成されており、それぞれがGrokPatternとして定義されています。よってHOSTNAMEとIPを別々に読み込むことが可能です。

さらにHOSTNAMEとIP自体のGrokPatternは存在するかサイトで調べてみると…ありますね！

第4章　Logstash の Grok フィルターを極める　77

リスト4.10: HOSTNAME の GrokPattern

```
HOSTNAME \b(?:[0-9A-Za-z][0-9A-Za-z-]{0,62})(?:\.(?:[0-9A-Za-z]
[0-9A-Za-z-]{0,62}))*(\.?|\b)
```

リスト4.11: IP の GrokPattern

```
IP (?:%{IPV6}|%{IPV4})
```

HOSTNAMEに正規表現が記載されていることがわかります。また、IPは、IPv6とIPv4に対応できるように構成されています。これも同じ様にサイトをみると正規表現で記載されていることがわかります。

IPORHOSTでHOSTNAMEとIPが定義されていましたが、(?:)と|（パイプ）とは？と思った方もいるでしょう。この(?:)は、文字列をマッチさせたい、かつキャプチャさせたくない場合に使います（キャプチャは使用しないので今回は説明を省略します）。今回でいう文字列は、%{HOSTNAME}と%{IPに該当する文字列を指します。また、|は、どちらか一方が一致した方を採用するという意味です。

結果、IPORHOSTは、HOSTNAMEかつ、IPに該当するものをマッチさせる、という設定となっています。

上記を踏まえてGrokPatternを記載するとリスト4.12のようになります。

リスト4.12: IPORHOST の GrokPattern

```
%{IPORHOST:clientip}
```

図4.3がイメージ図です。参考にしてみてください。

図4.3: IPアドレスをGrokするイメージ図#01

それでは、実際にGrokがマッチするかをGrok Constructorを使って確認してみたいと思います。

4.7 Grok Constructorでテスト

Grok Constructor（http://grokconstructor.appspot.com/do/match）は、作成したGrokがマッチするかをブラウザベースでテストすることが可能なツールです。この他にもGrokDebugger（https://grokdebug.herokuapp.com/）やKibanaのX-Packをインストールすることで、KibanaのDevToolsでGrokDebuggerを使ってテストもできます。

KibanaのDevToolsを使うこともできますが、手軽にGrok Filterのテストを行うためここではGrok Constructorを使用します。

Grok Constructorの使い方を図4.4で解説します。

図4.4: Grok Constructorでテスト#01

それでは早速、先ほど作成したGrokPatternが意図どおりにマッチするかを試してみましょう。

第4章 LogstashのGrokフィルターを極める　79

4.7.1 clientip

図 4.5: Grok Constructor でテスト#02

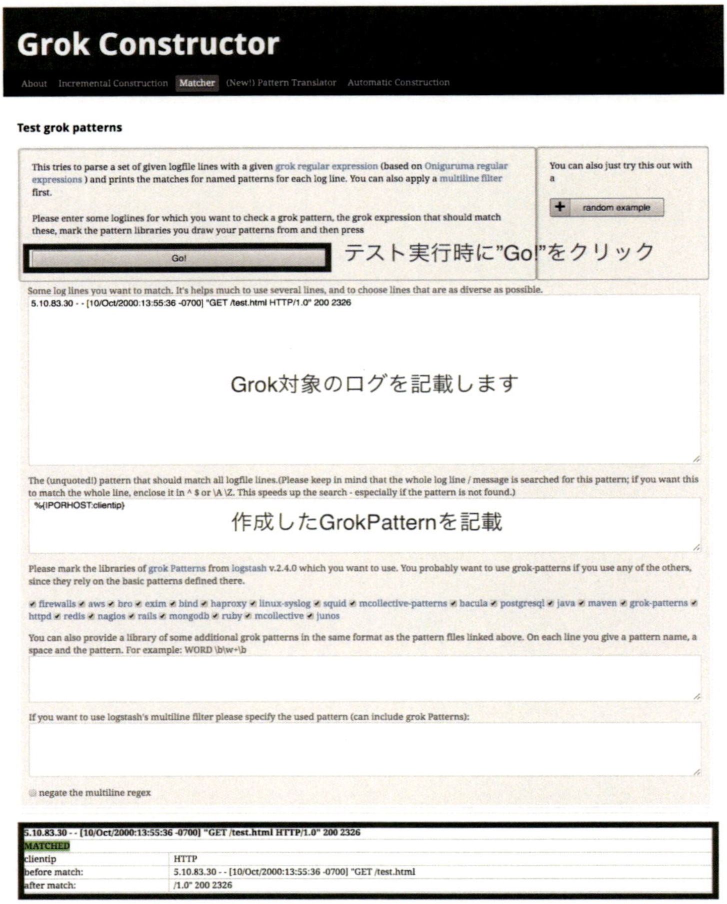

意図したとおりにclientipというフィールドに "5.10.83.30"というIPアドレスがマッチしたことがわかります。他のフィールドに対してもそれぞれ定義します。

4.7.2 ident

ユーザー名が付与されるのと–も含めてマッチできるものをGrokPatternで探すとUSERというGrokPatternがあるのでこちらを使用します。

リスト 4.13: ident の GrokPattern

```
%{USER:ident}
```

先ほどのように、上記のGrokPatternでGrok Constructorでテストを実施するとIPアドレス

80　　第4章　LogstashのGrokフィルターを極める

が見つかります。そこで、%{IPORHOST:clientip}を含んでテストを実施してみてください。

図4.6: Grok Constructor でテスト#03

4.7.3　auth

　authもUserと同様の定義でよいので、GrokPatternのUSERを使用します。また、identと authの間もスペースがあるので\sもしくはスペースを入力する必要があります。図の記載では \sを¥sで記載しています。

4.7.4　date

　次は時刻です。時刻のフォーマットは、[day/month/year:hour:minute:second zone] です。これに当てはまるGrokPatternを探すと、リスト4.14のGrokPatternが当てはまること がわかります。

第4章　Logstash の Grok フィルターを極める　81

リスト4.14: dateのGrokPattern

```
HTTPDATE %{MONTHDAY}/%{MONTH}/%{YEAR}:%{TIME} %{INT}
```

　こちらを使用してGrok Constructorでテストします。先ほど作成したGrok Constructorに連ねてみましょう。

図4.7: Grok Constructorでテスト#04

　NOT MATCHEDと表示されています。当てはまるGrokPatternが存在しなかったようです。実は、%{HTTPDATE}に該当しない[]があるのです。そこで図4.8の図で示しているとおり、[]を取り除く必要があります。無効化するにはエスケープ（\：バックスラッシュ）を使用します。

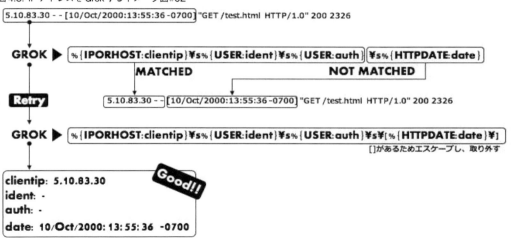

図 4.8: IP アドレスを Grok するイメージ図#02

4.7.5 リクエスト

次にクライアントからのリクエストです。これは、ダブルクォーテーションの中にひとまとまりにされているので、取りたい情報を定義したフィールドにマッチできるように GrokPattern を作成していきたいと思います。

リスト 4.15: リクエストの GrokPattern

```
"GET /test.html HTTP/1.0"
```

まず、GET ですが、GET という文字列以外にも POST や、DELETE などがあります。単純に GET という固定文字でマッチングすることはできません。また、GET|PUT|DELETE なども、よくありません。汎用的にすることと、可読性を意識してマッチングさせたいためです。

ということで、英単語が入るということがわかっているので、\bxxx\b（xxx は何かの英単語）に該当する GrokPattern を使用します。

これまでどおり、GrokPattern を探すと次のように該当しますね。

リスト 4.16: 英単語の GrokPattern

```
WORD \b\w+\b
```

次にパスですが、リクエストによって変動したりするため、柔軟性を求めてリスト 4.17 のように NOTSPACE を使用します。NOTSPACE は、空白文字以外にマッチのため、空白文字が出現するまでマッチします。

リスト 4.17: NOTSPACE の GrokPattern#01

```
NOTSPACE \S+
```

最後のHTTPのバージョンですが、HTTP部分は不要なので取り除くのと、そもそも、HTTPバージョンがはいっていないパターンもあります。そんな時は、(?:)?を利用することで、このGrokPatternにマッチする時は使うけれど、マッチしない時は使わない、といった定義ができるのです！これは、便利なので覚えて置いてください。最後に最短マッチとして、%{DATA}もパイプで組み込んでいます。

リスト 4.18: NOTSPACE の GrokPattern#02

```
(?: HTTP/%{NUMBER:httpversion})?|%{DATA:rawrequest})"
```

ここまでを図4.9にまとめました。

図 4.9: IPアドレスをGrokするイメージ図#03

4.7.6 response & bytes

responseはステータスコードなので、NUMBERを使用します。また、bytesも同様にNUMBERを使用しますが、オブジェクトが送れなかった場合は-になるため、|で-を追加します。

これで全ての準備が整ったので、Grok Constructorでテストしたいと思います。

4.7.7 Grok Constructor全体テスト

リスト4.19のGrokPatternでテストをします。実際は改行しませんが、本文の都合上適宜改

行しています。

リスト 4.19: 最終的な GrokPattern

```
%{IPORHOST:clientip} %{USER:ident} %{USER:auth} \[%{HTTPDATE:date}\]
"(?:%{WORD:verb} %{NOTSPACE:path}(?:
HTTP/%{NUMBER:httpversion})?|%{DATA:rawrequest})"
%{NUMBER:response} (?:%{NUMBER:bytes}|-)
```

図 4.10: Grok Constructor でテスト#04

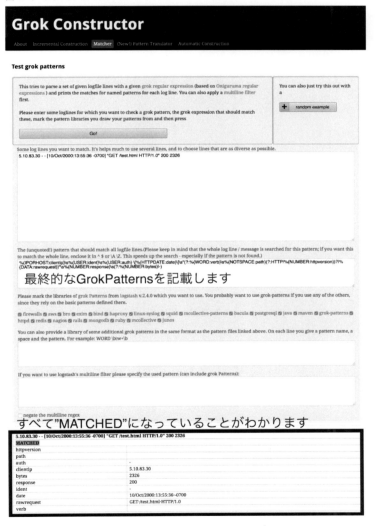

GrokPatten に当てはまるものが完成しました。

4.8 logstashを動かしてみる

GrokPattenの準備が終了した後に、Logstashのconfファイルが登場します。それでは、confファイルを作成します。

今まではINPUTとOUTPUTのみでしたが、先ほど作成したGrokPatternを埋め込みたいので、FILTERを追加します。GrokPatternをFILTERに直接コーディングすることも可能ですが、可読性を意識したいため、GrokPatternをconfファイルとして別ファイルとして保存します。

別ファイルとして保存するために、次の作業を実施します。

```
# GrokPatternファイルを配置するためのディレクトリを作成
$ mkdir patterns
# httpd用のGrokPatternファイルを作成
# GrokPattern名をHTTPD_COMMON_LOGとします
$ vim patterns/httpd_patterns
%{IPORHOST:clientip} %{USER:ident} %{USER:auth} \[%{HTTPDATE:date}\]
"(?:%{WORD:verb} %{NOTSPACE:path}(?:
HTTP/%{NUMBER:httpversion})?|%{DATA:rawrequest})"
%{NUMBER:response} (?:%{NUMBER:bytes}|-)
```

次に、GrokPatternファイルを作成したので、ログの変換をさせるためとGrokPatternを読み込むためにLogstashのconfファイルに以下を記載します。ファイル名はtest03.confとしました。

リスト4.20: test03.conf

```
input {
  file {
    path => "/etc/logstash/log/httpd_access.log"
    start_position => "beginning"
  }
}
filter {
  grok {
    patterns_dir => ["/etc/logstash/patterns/httpd_patterns"]
    match => { "message" => "%{HTTPD_COMMON_LOG}" }
  }
}
output {
  stdout { codec => rubydebug }
}
```

それでは、実行してみます。

86 第4章 LogstashのGrokフィルターを極める

```
$ usr/share/logstash/bin/logstash -f conf.d/test03.conf
# 出力結果！！
{
        "request" => "/test.html",
           "auth" => "-",
          "ident" => "-",
           "verb" => "GET",
        "message" => "5.10.83.30 - - [10/Oct/2000:13:55:36 -0700]
\"GET /test.html HTTP/1.0\" 200 2326",
           "path" => "/etc/logstash/log/httpd_access.log",
     "@timestamp" => 2017-10-01T15:11:19.695Z,
       "response" => "200",
          "bytes" => "2326",
       "clientip" => "5.10.83.30",
       "@version" => "1",
           "host" => "0.0.0.0",
    "httpversion" => "1.0",
      "timestamp" => "10/Oct/2000:13:55:36 -0700"
}
```

　意図どおりにフィールドが抽出できました。しかし、ログのタイムスタンプではなく、ログ
を取り込んだ時刻になっているので、修正が必要です。また、グローバルIPがあるのならば、
地域情報とマッピングしたいところです。ということで、Logstashのconfファイルを修正した
いと思います。

リスト4.21: test03.conf（修正後）

```
input {
  file {
    path => "/etc/logstash/log/httpd_access.log"
    start_position => "beginning"
  }
}
filter {
  grok {
    patterns_dir => ["/etc/logstash/patterns/httpd_patterns"]
    match => { "message" => "%{HTTPD_COMMON_LOG}" }
  }
  geoip {
    source => "clientip"
  }
  date {
```

第4章　LogstashのGrokフィルターを極める　　87

```
    match => [ "date", "dd/MMM/YYYY:HH:mm:ss Z" ]
    locale => "en"
    target => "timestamp"
  }
  mutate {
    remove_field => [ "message", "path", "host", "date" ]
  }
}
output {
  stdout { codec => rubydebug }
```

各々のフィルターについて図4.11と合わせて説明します。

図 4.11: Logstash.conf の説明

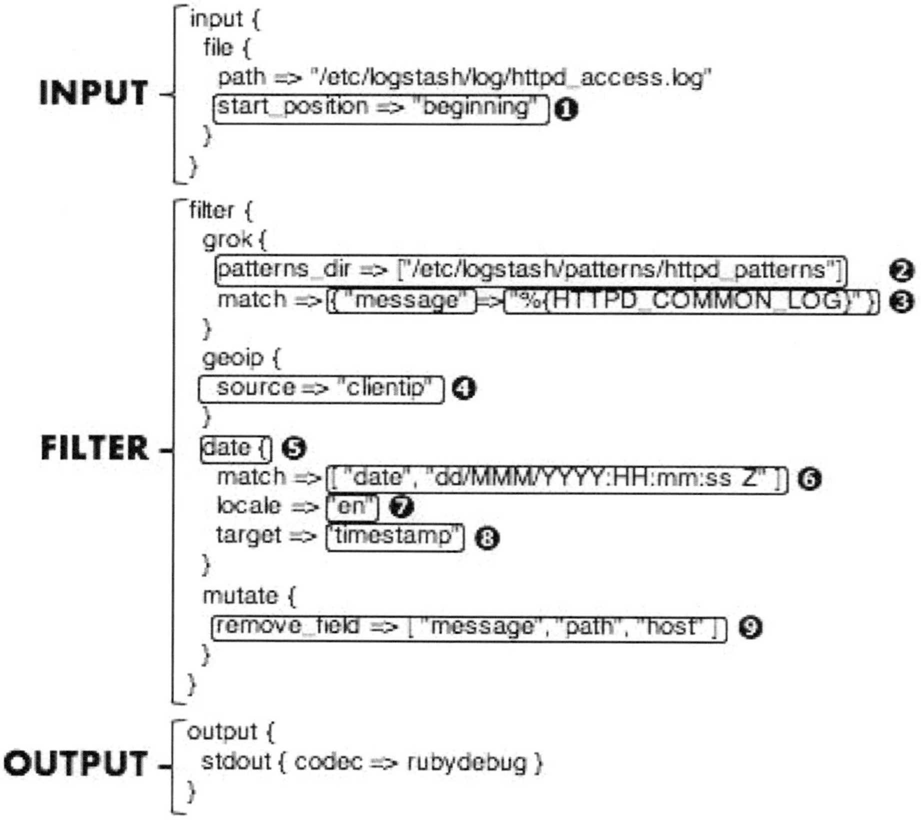

1. ファイルの読み込み位置を指定し、Logstash起動前のログも対象としたいため、"biginning"
   としています
2. パターンファイルの読み込み

3．messageフィールドに格納されている値を"HTTPD_COMMON_LOG"でマッチングします

4．パターンファイル内でIPアドレスをマッチングさせているclientipフィールドを対象にgeoipフィルターを利用し、地理情報を取得します

5．Logstashは、ログデータを取り込んだ時間を@timestampに付与するので、dateフィルターを用いることで実際のログデータのタイムスタンプを付与することができます

6．パターンファイル内のdateフィールドに対して定義したdateパターンとマッチする場合に値を書き換えます

7．日付の月が"Oct"になっているため、localeを"en"に指定しています

8．変更を変えたいターゲットとして"@timestamp"を指定します

9．不要なフィールドをremove_fieldで指定し、削除します（容量を抑えるためと不必要な情報を与えないため）

それでは、修正したconfファイルで再度実行すると次のようになります。地理情報やタイムスタンプや不要な情報が削除されていることがわかります。

```
{
         "request" => "/test.html",
          "geoip" => {
            "timezone" => "Europe/Amsterdam",
                  "ip" => "5.10.83.30",
            "latitude" => 52.35,
    "continent_code" => "EU",
           "city_name" => "Amsterdam",
       "country_name" => "Netherlands",
      "country_code2" => "NL",
      "country_code3" => "NL",
        "region_name" => "North Holland",
            "location" => {
          "lon" => 4.9167,
          "lat" => 52.35
        },
        "postal_code" => "1091",
        "region_code" => "NH",
          "longitude" => 4.9167
    },
          "auth" => "-",
         "ident" => "-",
          "verb" => "GET",
    "@timestamp" => " 210/Oct/2000:13:55:36 -0700"
      "response" => "200",
```

第4章　LogstashのGrokフィルターを極める　89

```
            "bytes" => "2326",
         "clientip" => "5.10.83.30",
         "@version" => "1",
      "httpversion" => "1.0",
}
```

　これでGrokを利用してApacheアクセスログを抽出できるようになりましたね！ビジュアライズしたい場合などは、OUTPUTをElasticsearchにし、Kibanaでインデックスを参照することでビジュアライズが可能です。

　次は、すでに存在しているGrokPatternだけでは取り込めないログをベースに説明していきたいと思います。

　なお、Grok Constructorで、作成したGrokPatternをテストすることも可能です。図4.12にあるとおりにテストして頂ければと思います。

図4.12: Grok Constructor でテスト#05

4.9　今度は何を取得する？

　前項でApacheのアクセスログを取得できるようになりました。次に、既存のGrokPatternだけではどうにもならないログを対象にGrokしていきたいと思います。

　GrokPattenはJava、bind、Redisなどさまざまなものが用意されています。また、FireWallという括りでCiscoのASAのGrokPatternが用意されているものもあります。ただ、すべてがまかなえているかというと、そうではありません。

　今回はCiscoのファイアウォール製品であるASAのログを取り込みます。やっぱり企業を守っているファイアウォールがどんなログを出しているか気になりますよね？使えるGrokPatternは積極的に使いましょう。

といことで今回はリスト4.22のログを対象にしたいと思います。IPアドレスは、適当なプライベートIPアドレスを割り当てています。

リスト4.22: Cisco ASAのログ

```
Jun 20 10:21:34 ASA-01 : %ASA-6-606001: ASDM session number 0
 from 192.168.1.254 started
Jun 20 11:21:34 ASA-01 : %ASA-6-606002: ASDM session number 0
 from 192.168.1.254 ended
```

　いつもどおりにリスト4.23のログ取り込みフローで進めたいと思います！

リスト4.23: ログの取り込みフロー（再掲）

```
1. ログフォーマットを調べる
2. フィールド定義
3. GrokPatternをつくる
4. Grok Constructorでテスト
5. Logstashを動かしてみる
```

4.9.1　ログフォーマットを調べる

　まずは、ログフォーマットを調べます。Ciscoさんは丁寧にログフォーマットを掲載しています（URL:https://www.cisco.com/c/en/us/td/docs/security/asa/syslog/b_syslog.html)。
　……よく見るとわかりますが、数が多いです。Ciscoは世界最大のメーカーですからね。
　まず該当するログフォーマットを探す方法ですが、リスト4.24のログに"%ASA-6-606001"という記載がありますので、このイベントNo.の"606001"で検索することができます。
　このログフォーマットはリスト4.24のようになっています。

リスト4.24: ASAのログフォーマット

```
%ASA-6-606001: ASDM session number number from IP_address started
%ASA-6-606002: ASDM session number number from IP_address ended
```

　ASDM（Webベースの管理インターフェースを提供するツール）のセッションを開始した時と終了した時に出力するログですね。

4.9.2　フィールド定義

　では、フィールド定義です。ログの左から順にみていきます。先ほど見たログフォーマットには、タイムスタンプとASA-01という項目がありませんでした。これらは、ログに必ず記載

されるので、こちらも定義します。

・Jun 20 10:21:34 ASA-01 : %ASA-6-606001: ASDM session number 0 from 192.168.1.254 started

—timestamp: Jun 20 10:21:34 (date)

—hostname: ASA-01 (string)

—eventid: ASA-6-606001 (string)

—ASDM-sesion-number: 0 (long)

—src_ip: 192.168.1.254 (string)

—status: started (string)

　実際のログに記載されているメッセージ内容のすべてが、フィールドにマッピングされていないことがわかります。たとえば、`ASDM session number`というメッセージに対して意味はなく、そのセッションナンバーが知りたいのです。そのため、フィールド名に`ASDM session number`とし、値としては取り込まないようにします。その他の`from`も同様で、どこからのIPアドレスかを知りたいため、fromを取り除き、src_ip（ソースIP）というフィールドにIPアドレスを値として取り込みます。

　2つ目のログ（リスト4.24の2行目）ですが、最後のendedしか変わらないということがわかります。先ほどのフィールド定義をそのまま使用するので割愛します。

4.9.3　GrokPatternをつくる

　それでは、GrokPatternを作っていきます。

4.9.4　共通部分

　タイプスタンプとホスト名、イベントIDはすべてのログに入るメッセージのため、共通部分とします。それでは、タイムスタンプとホスト名、イベントIDに取り掛かります。

　タイムスタンプは、GrokPatternに`CISCOTIMESTAMP`を使用します。

リスト4.25: CISCOTIMESTAMP の GrokPattern

```
CISCOTIMESTAMP %{MONTH} +%{MONTHDAY}(?: %{YEAR})? %{TIME}
```

　また、ホスト名は、ユーザーが自由に付与する名前のため、柔軟性を求めて`NOTSPACE`を使用します。また、先頭にスペースが必ず入るので\sを入れます。

リスト4.26: HOSTNAME の GrokPattern

```
HOSTNAME \s%{NOTSPACE:hostname}
```

　イベントIDは、GrokPatternに用意されていないので、自分で作成します。自分でGrokPattern

第4章　LogstashのGrokフィルターを極める　93

を作成する場合は次のように作成します。

・(?<hostname>ASA-\d{1}-\d{6})

　　—GrokPatternを作成したい場合は、(?)で括り、<>内にフィールド名を任意に付与します

　　—それ以降（ここでいうASAから始まる正規表現）にフィールドに入れたい正規表現を記載します

　上記のように作成することで好きなGrokPatternを作成することができます。これをCustomPatternといいます。

4.10　固有部分

　ここからはイベント毎に異なる固有部分のGrokPatternを作っていきます。共通部分を取り除いた部分の以下が対象ですね。

リスト4.27: イベントごとに異なる部分のログ（抜粋）

```
: ASDM session number 0 from 192.168.1.254 ended
```

4.10.1　ASDMセッションNo.

　フィールド定義で記載したとおりですが、ASDMセッションNo.をフィールドとして値が取得できればよいので、リスト4.28のようになります。

リスト4.28: ASDMセッションNoのGrokPattern

```
ASDM session number(?<ASDM-sesion-number>\s[0-9]+)
```

　これも見て分かるとおり、CustomPatternで作成しています。それぞれについてみていくと(?)の外にASDM session nubberがありますね。これは、ASDM session nubberをマッチしても値は取得したくない場合に使う方法です。そこで、隣の(?<ASDM-session-number>\s[0-9]+)というCustomPatternで取得した値がASDM-session-numberというフィールドに入ります。正規表現部分は、\sのスペースと0-9の数字が複数ならんでも対応できるように+を使用しています。

　最終的に先頭の:とスペースも含むので以下な感じになります。

リスト4.29: ASDMセッションNoのGrokPattern（完成版）

```
:\sASDM session number(?<ASDM-session-number>\s[0-9]+)
```

4.10.2 ソースIPアドレス

これはApacheのアクセスログと同じですね。IPアドレスのGrokPatternのように他にも確立されているものは積極的に使っていきましょう。

* from 192.168.1.254

これは、フィールド定義で説明したようにソースIPなので、GrokPatternのIPを使用し、不要な部分を取り除く必要があります。スペースとfromが不要なのでGrokPatternの外側に出しますが、ひとつの文字列とするため()で囲います。

リスト4.30: ソースIPアドレスのGrokPattern

```
(\sfrom\s%{IP:src_ip})
```

4.10.3 ステータス

最後は、セッションステータスを表すstartedですね。これは、CustomPatternで対応します。先ほどのソースIPとの間にスペースがあるので\sを入れます。また、startedは文字列なので\bを入れて以下な感じです。

リスト4.31: セッションステータスのGrokPattern

```
\s(?<session>\bstarted)
```

ただ、もうひとつのイベントID"606002"ですが、ステータスがendedしか変わりません。そこで、先ほどのステータスに"started""ended"のどちらかを選択できるようにします。

リスト4.32: ステータスの選択を可能にする

```
\s(?<session>\bstarted|\bended)
```

|を入れることで選択できるようになります。これで整ったので、GrokConstructorでテストをしてみたいと思います。

4.11 Grok Constructorでテスト

パターンファイルを抽出し、テストを実施します。

リスト4.33: パターンファイルまとめ

```
CISCOTIMESTAMP %{MONTH} +%{MONTHDAY}(?: %{YEAR})? %{TIME}
EVENTID \s: %(?<EventID>ASA-\d{1}-\d{6})
```

第4章 LogstashのGrokフィルターを極める | 95

```
CISCOFW606001
:\sASDM\ssession\snumber(?<ASDM-session-number>\s[0-9]+)
(\sfrom\s%{IP:src_ip})\s(?<session>\bstarted|\bended)
```

リスト4.34: Grock用の設定

```
%{CISCOTIMESTAMP:date}\s%{NOTSPACE:hostname}%{EVENTID}%{CISCOFW606001}
```

実行結果が図4.13です。

図4.13: ASA Grok Constructor結果#01

96 | 第4章 LogstashのGrokフィルターを極める

4.12　logstashを動かしてみる

　ここまできたらあと少し！ということでApacheのアクセスログのときと同様にconfファイルを作成します。

　今回もパターンファイルに別ファイルとして保存します。

4.12.1　パターンファイル

　タイムスタンプやホスト名、イベントIDそしてイベントメッセージのGrokPatternをパターンファイルに定義します。GrokPatternの"CISCOFW606001"に"606002"も含んでいるのですが、文字数を短くするために"606001"に集約しています。ただし、含んでいることがわかりにくいと思う方は変更しても問題ありません。

```
$ vim patterns/asa_patterns
CISCOTIMESTAMP %{MONTH} +%{MONTHDAY}(?: %{YEAR})? %{TIME}
EVENTID \s: %(?<EventID>ASA-\d{1}-\d{6})
CISCOFW606001
:\sASDM\ssession\snumber(?<ASDM-session-number>\s[0-9]+)
(\sfrom\s%{IP:src_ip})\s(?<session>\bstarted|\bended)
```

　これでパターンファイルの準備は完了です。

　補足ですが、パターンファイルをGrok Constructorでテストすることも可能です。図4.14は実際に作成したパターンファイルでテストを実施した結果です。

第4章　Logstash の Grok フィルターを極める　│　97

図 4.14: ASA Grok Constructor 結果#02

4.12.2 logstash.conf

Apacheの際と同様に作成したものがリスト4.35です。ファイル名はasa.confとして保存しました。

リスト4.35: asa.conf

```
input {
  file {
    path => "/etc/logstash/log/asa.log"
    start_position => "beginning"
```

```
  }
}
filter {
  grok {
      patterns_dir => ["/etc/logstash/patterns/asa_patterns"]
      match => { "message" => "%{CISCOTIMESTAMP:date}\s
   %{NOTSPACE:hostname}%{EVENTID}%{CISCOFW606001}" }
  }
  date {
    match => ["date", "MMM dd HH:mm:ss", "MMM  d HH:mm:ss" ]
  }
  mutate {
    remove_field => ["date", "message", "path", "host"]
  }
}
output {
  stdout { codec => rubydebug }
}
```

実行結果は次のようになります。

```
# EventID: 606001
{
                "src_ip" => "192.168.1.254",
              "hostname" => "ASA-01",
            "@timestamp" => 2017-06-20T02:21:34.000Z,
               "session" => "started",
              "@version" => "1",
   "ASDM-session-number" => " 0",
               "EventID" => "ASA-6-606001"
}

# EventID: 606002
{
                "src_ip" => "192.168.1.254",
              "hostname" => "ASA-01",
            "@timestamp" => 2017-06-20T02:21:34.000Z,
               "session" => "ended",
              "@version" => "1",
   "ASDM-session-number" => " 0",
               "EventID" => "ASA-6-606001"
}
```

想定どおりにログを抽出できましたね！

GrokPatternにあるものは積極的に使用し、ないものはCustomPatternで作る！といったことを学習できたのではないでしょうか。今回はCiscoのASAを取り上げましたが、この他のログも同様に対応していくことが可能です。さまざまなログにトライしてみてください！

4.13 AWSのログを取得する

AWSサービスはログを出力する機能をもったサービスがあります。そのなかでも今回はELBアクセスログをLogstashで取り込みます。

図4.15はAWSサービスのログを取得するイメージです。

図4.15: ELBログ取得イメージ

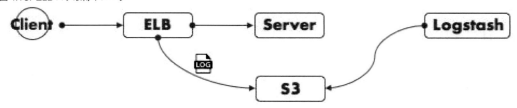

この他にもCloudtrailやS3などもログを出力し、取得することが可能です。

4.14 ELBのログを取得する

これまでに説明した"ログ取り込みフロー"に沿って進めたいと思います。

4.15 ログフォーマットを調べる

ELBのログフォーマットを調べます。

前提としてELBのロギングは有効化されていることとします。もし設定されていない方は、公式ドキュメントを確認ください。

公式ドキュメントにClassic Load Balancerのアクセスログのフォーマット（http://docs.aws.amazon.com/ja_jp/elasticloadbalancing/latest/classic/access-log-collection.html）が記載されています。

公式ドキュメントの記載をひとつひとつ分解していきます。

- timestamp elb client:port backend:port request_processing_time backend_processing_time response_processing_time elb_status_code backend_status_code received_bytes sent_bytes "request" "user_agent" ssl_cipher ssl_protocol
  — timestamp: ロードバランサーがクライアントからリクエストを受け取った時刻 (ISO 8601

形式)

— elb: ロードバランサーの名前

— client:port: リクエストを送信したクライアントの IP アドレスとポート

— backend:port: ELB にぶら下がっているインスタンス（バックエンド）に対しての IP アドレスとポート番号（リクエストが送信できなかった場合は"-"）

— request_processing_time: ELB がリクエストを受け取ってから、バックエンドのインスタンスに送信するまでの時間(応答がない場合などは"-1")

— backend_processing_time: ELB がバックエンドにリクエストを送信してから、レスポンスが帰ってくるまでの時間(応答がない場合などは"-1")

— response_processing_time: ELB がレスポンスを受け取ってから、クライアントに返すまでの時間(応答がない場合などは"-1")

— elb_status_code: ELB からのレスポンスステータスコード

— backend_status_code: バックエンドのインスタンスからのレスポンスステータスコード

— received_bytes: クライアントから受信したリクエストサイズ

— sent_bytes: クライアントに送信したリクエストサイズ

— request: クライアントからのリクエスト（HTTP メソッド + プロトコル://ホストヘッダー:ポート + パス + HTTP バージョン）

— user_agent: リクエスト元のクライアントを特定する

— ssl_cipher: SSL 暗号化(暗号化されていない場合は"-")

— ssl_protocol: SSL プロトコル(暗号化されていない場合は"-")

4.16　フィールド定義

まずフィールド定義を行います。

今回は、Apache のアクセスログと違ってすでにフィールド名が公式として定義されているので、フィールド名をそのまま使用します。ただし、client:port のようなフィールドは、clientip と port に分割します。その他の backend や request も分割します。

それではフィールドのタイプを決めるために、サンプルログから当てはめますサンプルログは、先ほどのリンクの AWS 公式ドキュメントから使っています。

・2015-05-13T23:39:43.945958Z my-loadbalancer 5.10.83.30:2817 10.0.0.1:80 0.000073 0.001048 0.000057 200 200 0 29 "GET http://www.example.com:80/ HTTP/1.1" "curl/7.38.0" - -

— timestamp: 2015-05-13T23:39:43.945958Z (date)

— elb: my-loadbalancer (string)

— client_ip: 5.10.83.30 (string)

— client_port: 2817 (string)

— backend_ip: 10.0.0.1 (string)

第 4 章　Logstash の Grok フィルターを極める　｜　101

- backend_port: 2817 (string)
- request_processing_time: 0.000073 (float)
- backend_processing_time: 0.001048 (float)
- response_processing_time: 0.000057 (float)
- elb_status_code: 200 (string)
- backend_status_code: 200 (string)
- received_bytes: 200 (long)
- sent_bytes: 0 (long)
- verb: GET (string)
- proto: http (string)
- urihost: www.example.com:80 (string)
- uripath: - (string)
- httpversion: 1.1 (string)
- user_agent: curl/7.38.0 (string)
- ssl_cipher: - (string)
- ssl_protocol: - (string)

このようにマッピングされるようにGrokPatternを作成します。

4.17 GrokPatternをつくる

GrokPatternを作成しましょう。実は、AWSのELBにはGrokPatternが用意されているのです。

GrokPattenの内容を理解し、自分の意図したデータを取得できるようになりましょう。

4.17.1 timestamp

ELBの時刻形式は、ISO8601のフォーマットを利用しています。そのため、GrokPatternに存在する`TIMESTAMP_ISO8601`をそのまま使用できるため、こちらを使います。

リスト4.36: timestampのGrokPattern

```
%{TIMESTAMP_ISO8601:date}
```

4.17.2 elb

elbの名前です。ユーザーが任意につける名前なので、GrokPatternの`NOTSPACE`を使用します。

リスト 4.37: elb の GrokPattern

```
%{NOTSPACE:elb}
```

4.17.3 client_ip & client_port

Apacheアクセスログと同様にIPORHOSTを使用したくなりますが、ここでは行いません。なぜならIPORHOSTはIPだけでなくHOSTも含んでいるためです。今回のフィールドはIPのみのため、client_ipはGrokPatternのIPとし、client_portはINTとします。

リスト 4.38: client_ip と client_port の GrokPattern

```
(?:%{IP:client_ip}:%{INT:client_port:int})
```

4.17.4 backend_ip & backend_port

上記のclient_ipとclinet_port同様です。しかし、バックエンドから応答がない場合は、-とログに出力されるため、|で-も記載します。

リスト 4.39: backend_ip と backend_port の GrokPattern

```
(?:%{IP:backend_ip}:%{INT:backend_port:int}|-)
```

4.17.5 リクエストタイム3兄弟

これらすべてGrokPatternのNUMBERを使用し、応答がなかった場合に|で-1も記載します。このフィールドを利用することで、ELBが受け付けてからのレイテンシを測ることができます。

リスト 4.40: リクエストタイム用の GrokPattern

```
(?:%{NUMBER:request_processing_time:double}|-1)
(?:%{NUMBER:backend_processing_time:double}|-1)
(?:%{NUMBER:response_processing_time:double}|-1)
```

4.17.6 elb_status_code & backend_status_code

Apacheのアクセスログと同様にステータスコードは、NUMBERを使用します。

第4章 Logstash の Grok フィルターを極める | 103

リスト4.41: elb_status_code と backend_status_code 用の GrokPattern

```
(?:%{INT:elb_status_code}|-)
(?:%{INT:backend_status_code:int}|-)
```

4.17.7 received_bytes & sent_bytes

バイトも同様に NUMBER を使用します。

リスト4.42: received_bytes と sent_bytes 用の GrokPattern

```
%{INT:received_bytes:int}
%{INT:sent_bytes:int}
```

4.17.8 request

requestの中に複数のフィールドが組み込まれています。GrokPatternをみると ELB_REQUEST_LINE という設定があります。このGrokPatternは、"verb" "proto" "urihost" "uripath" "httpversion"を含んでいます。

そのため、ELB_REQUEST_LINE を呼び出すだけでマッチさせることができます。察しのいい方は気づいているかもしれませんが、GrokPatternの中で更にGrokPatternを呼び出すことができます。

リスト4.43: request 用の GrokPattern

```
ELB_REQUEST_LINE (?:%{WORD:verb} %{ELB_URI:request}
(?: HTTP/%{NUMBER:httpversion})?|%{DATA:rawrequest})
```

上記の ELB_REQUEST_LINE 内で ELB_URI を呼び出しています。

リスト4.44: ELB_URI 用の GrokPattern

```
ELB_URI %{URIPROTO:proto}://(?:%{USER}(?::[^@]*)?@)?
(?:%{URIHOST:urihost})?(?:%{ELB_URIPATHPARAM})?
```

更に、ELB_URIPATHPARAM というのを呼び出しているかたちになっています。

リスト4.45: ELB_URIPATHPARAM 用の GrokPattern

```
ELB_URIPATHPARAM %{URIPATH:path}(?:%{URIPARAM:params})?
```

4.17.9　user_agent

Apache アクセスログで使用した GrokPattern の DATA を使用します。GREEDYDATA という GrokPattern もあるのですが、意図したデータのみ取得したいため DATA を使用します。

リスト 4.46: user_agent 用の GrokPattern

```
(?:%{DATA:user_agent}|-)
```

4.17.10　ssl_cipher & ssl_protocol

SSL 通信時に使用するフィールドで、使用していない場合は、-が付くため | を記載します。

リスト 4.47: ssl_cipher と ssl_protocol 用の GrokPattern

```
(?:%{NOTSPACE:ssl_cipher}|-)
(?:%{NOTSPACE:ssl_protocol}|-)
```

4.18　Grok Constructor でテスト

個々のテスト結果は省いていますが、慣れるまでは一つ一つクリアしていってください！ちなみに、今回作成した GrokPattern 名が ELB ではなく CLB なのは、Application Load Balancer（以下、ALB）と区別するためです。ALB と CLB では、ログフォーマットが異なるため、区別しています。

ALB 版も合わせて GrokPattern を記載します。

リスト 4.48: キャプション

```
CLB_ACCESS_LOG %{TIMESTAMP_ISO8601:date}\s%{NOTSPACE:elb}
\s(?:%{IP:client_ip}:%{INT:client_port:int})
\s(?:%{IP:backend_ip}:%{INT:backend_port:int}|-)
\s(?:%{NUMBER:request_processing_time}|-1)
\s(?:%{NUMBER:backend_processing_time}|-1)
\s(?:%{NUMBER:response_processing_time}|-1)
\s(?:%{INT:elb_status_code}|-)\s(?:%{INT:backend_status_code:int}|-)
\s%{INT:received_bytes:int}
%{INT:sent_bytes:int}\s\"%{ELB_REQUEST_LINE}\"
\s\"(?:%{DATA:user_agent}|-)\"\s(?:%{NOTSPACE:ssl_cipher}|-)
\s(?:%{NOTSPACE:ssl_protocol}|-)
ALB_ACCESS_LOG %{NOTSPACE:type}\s%{TIMESTAMP_ISO8601:date}
\s%{NOTSPACE:elb}\s(?:%{IP:client_ip}:%{INT:client_port})
```

第 4 章　Logstash の Grok フィルターを極める　｜　105

```
\s(?:%{IP:backend_ip}:%{INT:backend_port}|-)
\s(:?%{NUMBER:request_processing_time}|-1)
\s(?:%{NUMBER:backend_processing_time}|-1)
\s(?:%{NUMBER:response_processing_time}|-1)
\s(?:%{INT:elb_status_code}|-)\s(?:%{INT:backend_status_code}|-)
\s%{INT:received_bytes} %{INT:sent_bytes}\s\"%{ELB_REQUEST_LINE}\"
\s\"(?:%{DATA:user_agent}|-)\"\s(?:%{NOTSPACE:ssl_cipher}|-)
\s(?:%{NOTSPACE:ssl_protocol}|-)\s%{NOTSPACE:target_group_arn}
\s\"%{NOTSPACE:trace_id}\"
```

CLBのGrok Constructorの結果です。

図 4.16: CLB Grok Constructor 結果

4.19　logstashを動かしてみる

　ここからconfファイルの作成ですが、Apacheのアクセスログと構造はほぼ同じです。ただ、大きく違うのがINPUTがファイルパスではなく、S3からという点です。

　それでは、S3をINPUTにした取り込み方法について解説していきたいと思います。FILTER

とOUTPUTに関しては、最終的なconfファイルを記載するかたちとします。

4.19.1　Install S3 Plugin

　S3をINPUTとしてログを取得するには、追加でプラグインをインストールする必要があります。

リスト4.49: logstash-input-s3のインストール

```
/usr/share/logstash/bin/logstash-plugin install logstash-input-s3
```

　実行すると、次のように出力されます。

```
/usr/share/logstash/bin/logstash-plugin install logstash-input-s3
Validating logstash-input-s3
Installing logstash-input-s3
Installation successful
```

　また、S3にアクセスできるようにIAM Roleの設定がされていることを前提としています。

4.19.2　logstash.conf

　準備が整ったので以下にlogstash.confを記載します。

リスト4.50: 作成したlogstash.conf

```
input {
  file {
    path => "/Users/micci/project/logstash-5.5.2/clb.log"
    start_position => "beginning"
  }
}
filter {
  grok {
    patterns_dir =>
["/Users/micci/project/logstash-5.5.2/patterns/clb_patterns"]
    match => { "message" => "%{CLB_ACCESS_LOG}" }
  }
  date {
    match => [ "date", "ISO8601" ]
    timezone => "Asia/Tokyo"
    target => "@timestamp"
  }
  geoip {
```

108　　第4章　LogstashのGrokフィルターを極める

```
    source => "client_ip"
  }
  mutate {
    remove_field => [ "date", "message", "path"m ]
  }
}
output {
  stdout { codec => rubydebug }
}
```

実行すると、次のように出力されます。

```
{
          "received_bytes" => 0,
                 "request" => "http://www.example.com:80/",
              "backend_ip" => "10.0.0.1",
              "ssl_cipher" => "-",
            "backend_port" => 80,
              "sent_bytes" => 29,
             "client_port" => 2817,
     "backend_status_code" => 200,
                "@version" => "1",
                    "host" =>
"122x208x2x42.ap122.ftth.ucom.ne.jp",
                     "elb" => "my-loadbalancer",
               "client_ip" => "5.10.83.30",
 "backend_processing_time" => "0.001048",
              "user_agent" => "curl/7.38.0",
            "ssl_protocol" => "-",
                   "geoip" => {
              "timezone" => "Europe/Amsterdam",
                    "ip" => "5.10.83.30",
              "latitude" => 52.35,
        "continent_code" => "EU",
             "city_name" => "Amsterdam",
          "country_name" => "Netherlands",
         "country_code2" => "NL",
         "country_code3" => "NL",
           "region_name" => "North Holland",
              "location" => {
            "lon" => 4.9167,
            "lat" => 52.35
```

第 4 章　Logstash の Grok フィルターを極める　109

```
        },
        "postal_code" => "1091",
        "region_code" => "NH",
          "longitude" => 4.9167
    },
          "elb_status_code" => "200",
                      "verb" => "GET",
 "request_processing_time" => "0.000073",
                    "urihost" => "www.example.com:80",
"response_processing_time" => "0.000057",
                  "@timestamp" => 2015-05-13T23:39:43.945Z,
                        "port" => "80",
                      "proto" => "http",
              "httpversion" => "1.1"
}
```

　AWSのサービスに対してもログを取得できるということがわかったのではないでしょうか。この他のサービスに対してもトライして頂ければと思います。

　本章を通じてGrokに対して少しでも苦手意識がなくなりましたか？少しでも苦手意識がなくなれば筆者としては嬉しい限りです。

　とはいえ、ログを取得する作業というのは試行錯誤の連続です。ログのパース失敗があれば改修する必要がありますし、ログフォーマットが変われば改修する必要があります。

　世界中のログをみんなで力を合わせてパターンを増やしていければと思っています。

第5章　複数のデータソースを取り扱う

今までは一箇所のファイルからデータを取得していました。しかし、実際に何かのサービスを運用する際は、複数のデータソースを取り扱うケースが多いでしょう。本章では、複数のデータソースを取り扱う場合のパイプラインファイルの設定方法について説明します。

5.1　複数データソースを取り扱うための準備

まず、データソースを2つ取得している環境を想定します。ここではALBのアクセスログとApacheのアクセスログの2つを取得するケースです。

ALBのアクセスログは、「AWSでLogstashを使ってみる」と同様にS3をデータソースとし、Apacheのアクセスログhttpd_access.logはローカルのディレクトリに配置したものを取得します。

次にディレクトリ構成を記載します。

```
/etc/logstash/
 ├ conf.d
 |  └ alb_httpd.conf
 ├ jvm.options
 ├ log
 |  └ httpd_access.log
 ├ log4j2.properties
 ├ logstash.yml
 ├ patterns
 |  ├ alb_patterns
 |  └ httpd_patterns
 ├ pipelines.yml
 └ startup.options
```

パイプラインファイルをalb_httpd.confというファイル名にします。また、Apacheのアクセスログは、/etc/logstash/log/配下にhttpd_access.logを配置している前提とします。

リスト5.1: alb_httpd.conf の編集

```
input {
  s3 {
    tags => "alb"
    bucket => "hoge"
```

第5章　複数のデータソースを取り扱う　111

```
    region => "ap-northeast-1"
    prefix => "hoge/"
    interval => "60"
    sincedb_path => "/var/lib/logstash/sincedb_alb"
  }
  file {
    path => "/etc/logstash/log/httpd_access.log"
    tags => "httpd"
    start_position => "beginning"
    sincedb_path => "/var/lib/logstash/sincedb_httpd"
  }
}
filter {
  if "alb" in [tags] {
    grok {
      patterns_dir => ["/etc/logstash/patterns/alb_patterns"]
      match => { "message" => "%{ALB_ACCESS}" }
      add_field => { "date" => "%{date01} %{time}" }
    }
    date {
      match => [ "date", "ISO8601" ]
      timezone => "Asia/Tokyo"
      target => "@timestamp"
    }
    geoip {
      source => "client_ip"
    }
  else if "httpd" in [tags] {
    grok {
      patterns_dir => ["/etc/logstash/patterns/httpd_patterns"]
      match => { "message" => "%{HTTPD_COMMON_LOG}" }
    }
    geoip {
      source => "clientip"
    }
    date {
      match => [ "date", "dd/MMM/YYYY:HH:mm:ss Z" ]
      locale => "en"
      target => "timestamp"
    }
    mutate {
      remove_field => [ "message", "path", "host", "date" ]
```

112 | 第5章 複数のデータソースを取り扱う

```
      }
    }
  }
output {
  if "alb" in [tags] {
    elasticsearch {
      hosts => [ "localhost:9200" ]
      index => "alb-logs-%{+YYYYMMdd}"
    }
  }
  else if "httpd" in [tags] {
    elasticsearch {
      hosts => [ "localhost:9200" ]
      index => "httpd-logs-%{+YYYYMMdd}"
    }
  }
}
```

　これまでのpipelene fileより、少し複雑になっています。どのような処理がされているかを
Input、Filter、Outputに分けて説明します。

5.1.1　Inputの処理内容

　Inputは、データソースの取り込み部分の定義箇所ですね。今回は、S3とローカルファイル
のため、S3 input pluginとFile input pulginを使用します。File input pluginで
利用しているオプションの詳細を表5.1にまとめました。

表5.1: File input plugin のオプション

No.	Item	Content
1	path	ファイルが格納されているパスを指定
2	tags	任意のタグを付与
3	start_position	Logstash の起動時にどこからログファイルを読み込むかを指定
4	sincedb_path	sincedb ファイルの出力先を指定

　また、S3 input plugin、File input pluginの設定でどちらもtagsを定義しています。
tagsの値を元に後の処理内容をif分岐させることができます。ここでは、ALBのアクセスロ
グにはalbというtagsを設定しました。また、Apacheのアクセスログは、httpdというtags
を設定しています。

第5章　複数のデータソースを取り扱う　113

5.1.2　Filter処理内容について

　リスト5.1では、Inputで定義したtagsをベースにif分岐を用いた処理を行いました。if文の記述方法はRubyの記法で記述します。

　ここでもGrok処理を行っているのですが、Apache用のパターンファイルを準備できていないのでhttpd_patternsを作成します。

リスト5.2: Apacheのアクセスログ用パターンファイル

```
HTTPDUSER %{EMAILADDRESS}|%{USER}
HTTPD_COMMON_LOG %{IPORHOST:clientip} %{HTTPDUSER:ident}　（紙面の都合に
より改行）
%{HTTPDUSER:auth} \[%{HTTPDATE:timestamp}\] "(?:%{WORD:verb}　（紙面の都
合により改行）
%{NOTSPACE:request}(?:
HTTP/%{NUMBER:httpversion})?|%{DATA:rawrequest})"　（紙面の都合により改行）
%{NUMBER:response} (?:%{NUMBER:bytes}|-)
HTTPD_COMBINED_LOG %{HTTPD_COMMONLOG} %{QS:referrer} %{QS:agent}
```

　これでGrok処理を実施するための準備ができました。

Useragent filter plugin

　Useragent file pluginを利用すると、Webサイトにアクセスしてきたデバイスの情報や、アクセス時に利用していたブラウザのバージョンなどの情報を構造化できます。この処理の前にGrok処理を行っているので、フィールドagentにユーザーエージェントのデータがパースされて保存されます。フィールドagentに対してFilter処理を行います。また、元データを保持するために、targetオプションで元データを別フィールドのuseragentに出力しています。

Mutate filter plugin

　「AWSでLogstashを使ってみる」でmutate-filterを利用すれば、不要なフィールドの削除ができるという説明をしています。今回は、path、host、dateを削除対象としています。

5.1.3　Output処理内容について

　5章では、インデックスをデフォルト（logstash-YYYY.MM.DD）にしていましたが、複数の場合は、個々でインデックスを指定する必要があります。ログの用途が異なるため、インデックスを分けた方が管理がしやすいためです。本来は1つのログしか取り扱わない場合でもインデックスを指定したほうがよいでしょう。インデックス名で用途がすぐ把握できる方が管理しやすくなります。

　Outputの中でもif文処理の記述が可能です。今回はif分岐を利用してログの出力先インデックスを分けています。tagsにalbが付与されているデータは、alb-logs-%{+YYYYMMddとい

114　　第5章　複数のデータソースを取り扱う

うインデックスへデータを転送します。また、tagsにhttpdタグが付与されている場合は、httpd-logs-%{+YYYYMMddというインデックスへデータを転送します。

5.1.4　pipeline fileの実行

複数のログファイルを取得する準備が整ったので、Logstashを再起動します。

リスト5.3: Logstashの再起動

```
sudo initctl restart logstash
```

これで複数のログを取り込むことができるようになりました。

このまま取得したいログが増えると、どんどんif文が増えてコンフィグの可読性が悪くなってしまいます。

コンフィグを分けることができれば、この問題は解決できそうです。

5.2　Multiple Pipelinesについて

Logstashのバージョン5以前では、データの処理に利用するリソースの振り分けを行うことができませんでした。

しかし、"Multiple Pipelines"を使用することで、データソース毎にパイプラインファイルを分けて定義することができます。また、リソースの配分もログの種類ごとにできます。

それでは、具体的にどのような設定をするのかみていきましょう。

5.2.1　Multiple Pipelinesの定義をしてみる

Multiple Pipelinesの設定をするために利用する定義ファイルはpipelines.ymlです。pipelines.ymlにパイプラインファイルを指定するだけでリソースの指定ができるのです。

それでは、pipelines.ymlに、ALBとApacheのアクセスログを取り込むパイプラインファイルを設定したいと思います。

リスト5.4: /etc/logstash/pipelines.yml

```
- pipeline.id: alb
  pipeline.batch.size: 125
  path.config: "/etc/logstash/conf.d/alb.cfg"
  pipeline.workers: 1
- pipeline.id: httpd
  pipeline.batch.size: 125
  path.config: "/etc/logstash/conf.d/httpd.cfg"
  pipeline.workers: 1
```

第5章　複数のデータソースを取り扱う　115

設定したオプションについての説明を表5.2に記載します。公式ドキュメント（https://www.elastic.co/guide/en/logstash/6.x/logstash-settings-file.html）も合わせて参考にしてみてください。

表5.2: pipelines.yml の設定

No.	Item	Content
1	pipeline.id	任意のパイプライン ID を付与できます
2	pipeline.batch	個々のワーカースレッドのバッチサイズの指定。
3	path.config:	パイプラインファイルのパス指定
4	pipeline.worker	ワーカーの数を指定

pipeline.batchですが、サイズを大きくすれば効率的に処理が可能です。しかし、メモリーオーバヘッドが増加する可能性があります。また、ヒープサイズにも影響があるため慎重に設定しましょう。

これでMultiple Pipelinesの定義は完了です。ただ、これではLogstashは動作しません。Multiple Pipelinesへの対応として、パイプラインファイルの分割とファイル名（拡張子）を変更します。

5.2.2 パイプラインファイルの分割

ALBログと Apache のアクセスログ、それぞれの処理用にパイプラインを作成したいので、今あるalb_httpd.confを分割して設定ファイルを作成します。

まず、ALB用のパイプラインファイルとして、alb.cfgを作成し、alb_httpd.confの該当部分をコピーします。このとき拡張子をconfからcfgに変更します。拡張子confのままでも問題ないのですが、ここでは公式ドキュメントに則ってcfgに設定します。

リスト5.5はalb_httpd.cfgの内容です。特に中身に変更はありません。httpdの部分とif文を削除しただけですね。

リスト 5.5: /etc/logstash/conf/alb.cfg

```
input {
  s3 {
    tags => "alb"
    bucket => "hoge"
    region => "ap-northeast-1"
    prefix => "hoge/"
    interval => "60"
    sincedb_path => "/var/lib/logstash/sincedb_alb"
  }
}
```

```
filter {
  grok {
    patterns_dir => ["/etc/logstash/patterns/alb_patterns"]
    match => { "message" => "%{ALB_ACCESS_LOG}" }
  }
  date {
    match => [ "date", "ISO8601" ]
    timezone => "Asia/Tokyo"
    target => "@timestamp"
  }
  geoip {
    source => "client_ip"
  }
}
output {
  elasticsearch {
    hosts => [ "localhost:9200" ]
    index => "alb-logs-%{+YYYYMMdd}"
  }
}
```

同様に、httpd.cfgも作成します。

リスト5.6: /etc/logstash/conf/httpd.cfg

```
input {
  file {
    path => "/etc/logstash/log/httpd_access.log"
    tags => "httpd"
    start_position => "beginning"
    sincedb_path => "/var/lib/logstash/sincedb_httpd"
  }
}
filter {
  grok {
    patterns_dir => ["/etc/logstash/patterns/httpd_patterns"]
    match => { "message" => "%{HTTPD_COMMON_LOG}" }
  }
  geoip {
    source => "clientip"
  }
  date {
    match => [ "date", "dd/MMM/YYYY:HH:mm:ss Z" ]
```

```
    locale => "en"
    target => "timestamp"
  }
  mutate {
    remove_field => [ "message", "path", "host", "date" ]
  }
}
output {
  elasticsearch {
    hosts => [ "localhost:9200" ]
    index => "httpd-logs-%{+YYYYMMdd}"
  }
}
```

　これで分割とファイル名の変更が完了しました。Logstashを再起動し、設定ファイルの反映
をおこないます。

リスト5.7: Logstashの再起動

```
sudo initctl restart logstash
```

5.2.3　ログの確認

　Logstashがうまく動かない場合、まずログを見ましょう。Logstashの動作ログは、
/var/log/logstash/配下に出力されます。

　Logstashを起動し、ログファイルをtailコマンドなどで確認しつつ、原因を突き止めてい
きましょう。

```
### Check Log
$ tail -f /var/log/logstash/logstash-plain.log
[2018-xx-xxTxx:xx:xx,xxx][INFO ][logstash.agent          ] Pipelines
running {:count=>1, :pipelines=>["alb"]}
```

　いかがでしたか？ここまで動かせたらLogstashをかなり理解できているはずです。次は、
Logstashより簡易にログを取り込みビジュアライズまでやりたい、というニーズに応えること
ができるBeatsというプロダクトについて説明していきます。

118　　第5章　複数のデータソースを取り扱う

第6章 Beatsを体験する

Beatsはデータを取得することに重きを置いたツールです。Logstashは複数のパイプライン
や高度なフィルタリングを行うことが可能ですが、その分メモリーを多く消費します。そこで、
軽量で手軽に導入できるBeatsが登場しました。

Beatsの設定ファイルはYAMLで全て完結します。よって、手軽に設定・動作させることが
可能なのです。

6.1 Beats Family

Beatsにはどんな種類があるのかを紹介します。

- Filebeat
- Metricbeat
- Packetbeat
- Winlogbeat
- Auditbeat
- Heartbeat

今回はこの中から、Beatsの利用方法について次の3つを紹介します。

- Filebeat
- Metricbeat
- Auditbeat

6.2 Filebeat

Filebeatは、ログを一箇所に転送する用途で使用します。また、TLS暗号化をサポートして
いるため、セキュアに転送することができます。たとえば、図6.1の構成図がFilebeatのよくあ
る構成です。

図6.1: Filebeatの構成

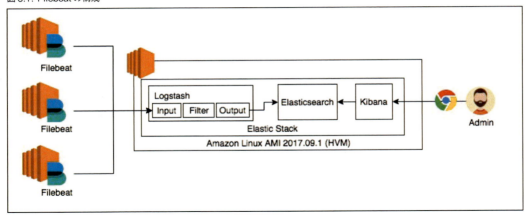

　Filebeatをデータソースであるサーバーに導入し、Logstashへ転送する構成です。Logstashに転送することでログを集約することができます。また、Filebeatから転送されたデータを分析しやすい構造に変換する処理を行い、Elasticsearchに保存します。

　この他にもFilebeatは、Moduleを利用することで一部のデータを分析しやすいフィールド構造に変換することもできます。Moduleについては、後ほど説明します。

　それではFilebeatでデータを取得し、Elasticsaerchに保存するところまでの一連の流れをみていきます。

6.2.1　Filebeatの構成について

　Filebeatを試す環境は、「AWSでLogstashを使ってみる」を元に構成します。新たにFilebeatとNginxを追加します。

　今回想定するケースは、NginxのアクセスログをFilebeatが取得し、Logstashに転送するというものです。Logstashは、Filebeatから転送されたログをElasticsearchに保存するところまでを行います。

図6.2: サーバーの構成について

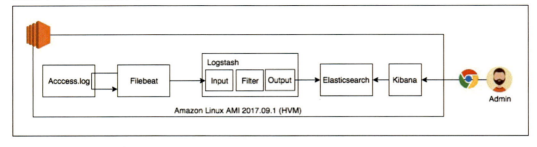

　それでは、FilebeatとNginxをインストールしていきます。

6.2.2 Filebeatをインストール

Filebeatをインストールします。「AWSでLogstashを使ってみる」でyumリポジトリの登録が完了していることを前提として進めます。

リスト6.1: Filebeatsのインストール

```
sudo yum install filebeat
```

6.2.3 Nginxの環境を構築する

Nginxをインストールします。

リスト6.2: Nginxのインストール

```
sudo yum install nginx
```

インストールが完了したら、Nginxを起動します。

リスト6.3: Nginxの起動

```
sudo service nginx start
```

Nginxに対してcurlを実行し、アクセスログが出力されているかを確認します。また、ステータスコード200が返ってきていることも合わせて確認します。

リスト6.4: Nginxの動作確認

```
curl localhost
tail -f /var/log/nginx/access.log
127.0.0.1 - - [xx/xxx/2018:xx:xx:xx +0000] "GET / HTTP/1.1" 200 3770
"-" "curl/7.53.1" "-"
```

これでFilebeatとNginxの環境が構築できました。

6.2.4 FilebeatからLogstashへ転送

次はFilebeatでNginxのアクセスログを取得し、Logstashへデータ転送をする設定を行います。

FilebeatとLogstashの設定

filebeat.ymlを編集します。filebeat.prospectorsを有効化し、Nginxのアクセスログのパスを

第6章 Beatsを体験する　121

指定します。output.logstashで転送先のLogstashを指定します。今回は、ローカルホストですが、ネットワーク越しの場合は、IPアドレスやホスト名を指定してください。

　設定を反映させるにはFilebeatの再起動が必要ですが、Logstashの設定を実施後に行います。

リスト6.5: filebeat.ymlの編集

```
###################### Filebeat Configuration
#########################

#========================= Filebeat prospectors
=============================
filebeat.prospectors:

#------------------------------ Log prospector
--------------------------------
- type: log
  enabled: true
  paths:
    - /var/log/nginx/access.log

#=============================== Outputs
===================================

#--------------------------- Logstash output
--------------------------------
output.logstash:
  hosts: ["localhost:5044"]

#=============================== Logging
==================================
#logging.level: info
```

　次にFilebeatの転送先であるLogstashの設定を行います。新しくパイプラインファイルとパターンファイルを作成します。

　Filebeatで取得したNginxのアクセスログは、フィールド分割されていないため分析できない構造です。そのため、分析しやすい構造にするためパターンファイルを作成します。

リスト6.6: パターンファイルの作成

```
vim /etc/logstash/patterns/nginx_patterns
NGINX_ACCESS_LOG %{IPORHOST:client_ip} (?:-|(%{WORD}.%{WORD})) （紙面
の都合により改行）
%{USER:ident} \[%{HTTPDATE:date}\] "(?:%{WORD:verb} （紙面の都合により改
```

122　第6章　Beatsを体験する

行)
%{NOTSPACE:request}(?: HTTP/%{NUMBER:ver})?|%{DATA:rawrequest})" (紙面
の都合により改行)
%{NUMBER:response} (?:%{NUMBER:bytes}|-) %{QS:referrer} %{QS:agent}
%{QS:forwarder}

パイプラインファイルを作成します。

リスト6.7: パイプラインファイルの作成

```
input {
  beats {
    port => "5044"
  }
}
filter {
  grok {
    patterns_dir => ["/etc/logstash/patterns/nginx_patterns"]
    match => { "message" => "%{NGINX_ACCESS_LOG}" }
  }
  date {
    match => ["date", "dd/MMM/YYYY:HH:mm:ss Z"]
    timezone => "Asia/Tokyo"
    target => "@timestamp"
  }
  geoip {
    source => "client_ip"
  }
}
output {
  elasticsearch {
    hosts => [ "localhost:9200" ]
  }
}
```

　パターンファイルのInputにFilebeatからデータを受信するため、Beatsプラグインを使用します。Beatsプラグインは、デフォルトでインストールされています。ポートは、先ほどfilebeat.ymlのoutput.logstashで指定したポートを指定します。今回は、デフォルトの5044とします。

リスト6.8: パイプラインファイルのInputについて

```
input {
  beats {
```

第6章　Beatsを体験する　123

```
    port => "5044"
  }
}
```

パターンファイルを指定します。date オプションで Nginx の日付パターンを指定します。

リスト6.9: パイプラインファイルの Output について

```
filter {
  grok {
    patterns_dir => ["/etc/logstash/patterns/nginx_patterns"]
    match => { "message" => "%{NGINX_ACCESS_LOG}" }
  }
  date {
    match => ["date", "dd/MMM/YYYY:HH:mm:ss Z"]
    timezone => "Asia/Tokyo"
    target => "@timestamp"
  }
  geoip {
    source => "client_ip"
  }
}
```

Output は、「AWS で Logstash を使ってみる」の設定と同様です。

最後に、作成したパイプラインファイルを読み込むため、pipelines.yml の設定をします。
logstash_pipelines の設定が残っている場合、削除してください。

リスト6.10: logstash_pipelines の編集

```
- pipeline.id: filebeat
  pipeline.batch.size: 125
  path.config: "/etc/logstash/conf.d/filebeat.cfg"
  pipeline.workers: 1
```

これで Filebeat と Logstash の環境が整いました。Filebeat から起動すると、Logstash が
Filebeat からデータを受け付ける設定が反映されていないため、エラーになってしまいます。そ
のため、Logstash から起動します。

リスト6.11: Logstash の起動

```
sudo initctl start logstash
```

124 | 第6章 Beats を体験する

Filebeatを起動します。"config OK"と標準出力されれば問題なく起動しています。

リスト6.12: Filebeat の起動

```
sudo initctl start logstash
```

6.2.5 動作確認

Elasticsearchにデータが転送されているか、curlコマンドを利用して確認します。リスト6.13のように`logstash-YYYY.MM.dd`で出力されていれば正常に保存されています。

リスト6.13: Filebeat の起動

```
curl -XGET localhost:9200/_cat/indices/logstash*
curl -XGET localhost:9200/_cat/indices/logstash*
yellow open logstash-2018.04.10 fzIOfXzOQK-p0_mmvO7wrw 5 1 8 0 93.2kb
93.2kb
```

補足ですが、ステータスが"yellow"になっているのは、ノードが冗長化されていないため表示されています。今回は、1ノード構成のため"yellow"になってしまうので、無視してください。

6.2.6 Filbeat Modules

Filebeatの利用方法をひととおり紹介してきました。これではどこが手軽なの？むしろ重厚感が増したのでは？と思われる方がいるかもしれません。

ここからは、Beatsをさらに手軽に導入できる、`Filbeat Module`について触れていきたいと思います。

Filebeat Modulesでは、あらかじめデータソースに対応したModuleが用意されています。このModuleを使用することで、Logstashで複雑なフィルターなどを書くことなく、データの収集・加工・Elasticsearchへの保存が可能です。また、Elasticsearchへ保存されたデータについてKibanaを用いて可視化することも可能です。この際、Kibanaのグラフを作成する必要はありません。

Filebeat Modules の構成

Filebeatのデータソースは、Nginxのアクセスログを利用します。Nginxのアクセスログは、Logstashを介さずにElasticsaerchに直接転送します。

Ingest Node Plugin をインストール

Filebeat Modulesは、パイプラインを自動で作成します。その際にUserAgent、GeoIPの解析をするため、`Ingest Node Plugin`と`Ingest GeoIP plugin`をインストールします。

第6章　Beatsを体験する　125

リスト6.14: Ingest Node Plugin のインストール

```
/usr/share/elasticsearch/bin/elasticsearch-plugin install
ingest-user-agent
```

リスト6.15: Ingest GeoIP plugin のインストール

```
/usr/share/elasticsearch/bin/elasticsearch-plugin install
ingest-geoip
```

プラグインのインストールが完了した後、Elasticsearch を再起動します。

リスト6.16: Elasticsaerch の再起動

```
sudo service elasticsearch restart
```

「AWSでLogstashを使ってみる」でKibanaをインストールしている環境を引き続き利用することを前提として話を進めます。もし新しい環境でFilebeat Modulesを検証する場合、「AWSでLogstashを使ってみる」や後述の「Kibanaを使ってデータを可視化する」を参考に環境構築を行ってください。

Filebeat Modules の設定

Filebeatの設定ファイルを編集するため、リスト6.17の `filebeat.yml` を使用します。既存で設定してある内容は全て上書きしてください。

リスト6.17: filebeat.yml の Nginx Module 編集

```
######################## Filebeat Configuration
#########################

#=========================== Modules configuration
===========================
filebeat.modules:

#-------------------------------- Nginx Module
--------------------------------
- module: nginx
  access:
    enabled: true
  error:
    enabled: true


#=============================== Outputs
```

126   第6章 Beatsを体験する

```
====================================

#------------------------ Elasticsearch output
----------------------------
output.elasticsearch:
  enabled: true

  hosts: ["localhost:9200"]

#============================ Dashboards
==================================
setup.dashboards.enabled: true

#============================ Kibana
==================================
setup.kibana:
  #host: "localhost:5601"

#============================== Logging
==================================
#logging.level: info
```

リスト6.17の編集内容について説明します。

まずNginxの有効化を行います。Nginxのアクセスログのパス設定ですが、インストールした状態（デフォルト）のまま利用するのであればパスの変更は不要です。今回はデフォルト設定のまま利用しています。

リスト6.18: filebeat.yml の Nginx Module 編集

```
#------------------------------ Nginx Module
----------------------------
- module: nginx
  access:
    enabled: true
```

Output先をElasticsearchに変更しています。

リスト6.19: filebeat.yml の Elasticsearch output 編集

```
#------------------------ Elasticsearch output
----------------------------
output.elasticsearch:
  enabled: true
```

第6章　Beatsを体験する　127

```
hosts: ["localhost:9200"]
```

最後にKibanaのDashboardを起動時にセットアップする設定を有効化します。

リスト6.20: KibanaのDashboardを自動で作成する

```
#============================= Dashboards
=====================================
setup.dashboards.enabled: true
```

今回の設定では、アウトプット先を複数にする設定をしていません。もし既存の設定が残っていた場合、Beatsの再起動時にリスト6.21のエラーが発生します。このエラーが発生した場合は、アウトプット先が複数の可能性があるので確認してください。

リスト6.21: 複数のアウトプット先を指定した際に出力されるエラー

```
error unpacking config data: more than one namespace configured
accessing
'output' (source:'/etc/filebeat/filebeat.yml')
```

では、いよいよFilebeatを起動します。

リスト6.22: Filebeatの起動

```
sudo service filebeat start
```

あとは、データが取り込まれているかをKibana（http://localhost/:5601）を開いて確認します。トップページが開きます。左ペインにあるManagementをクリックします。

図6.3: Managementをクリック

Index Patternsをクリックします。Filebeatのindexパターンが登録されていることがわかります。

図6.4: Filebeatのindexパターンを確認

左ペインにあるDashboardをクリックします。Filebeat Modulesの機能によって、あらかじめDashboardが準備されています。今回は、NginxのFilebeat Nginx OverviewというDashboardをクリックします。

図6.5: Dashboardの選択

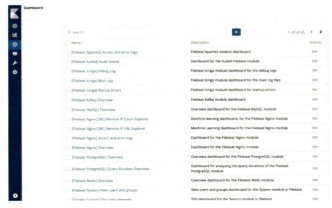

取得したログの情報がグラフィカルに表示されていますね。

図 6.6: Dashboard の表示

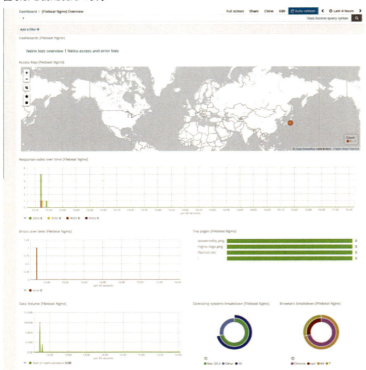

いかがでしたか？他にも取り込みたいログがあれば、`filebeat.yml` の Module を追加するだけで容易にモニタリングができるようになります。追加する場合は、`filebeat.reference.yml` に Modules が記載されているので、コピー&ペーストして有効化してください。

6.3 Metricbeat

Metricbeat は、サーバーのリソース（CPU/Mem/process……など）を容易にモニタリングすることができます。サーバー以外にも、Docker や Elasticsearch のリソース監視も可能です。

Filebeat と同様、YAML を編集するだけで設定が完了します。今回は、サーバーのメトリックをモニタリングできるところをゴールとします。

リスト 6.23: Metricbeat のインストール

```
sudo yum install metricbeat
```

Metricbeat も `metricbeat.reference.yml` があらかじめ存在します。しかし、デフォルトで有効化されている Module が多いため、リスト 6.24 の `metricbeat.yml` を利用します。すでに設定されている内容は全て上書きしてください。

リスト6.24: /etc/metricbeat/metricbeat.yml の編集

```
#=========================== Modules configuration
===========================
metricbeat.config.modules:
  path: ${path.config}/modules.d/*.yml
  reload.enabled: false


#----------------------------- System Module
-----------------------------
metricbeat.modules:
- module: system
  metricsets:
    - cpu             # CPU usage
    - filesystem      # File system usage for each mountpoint
    - fsstat          # File system summary metrics
    - load            # CPU load averages
    - memory          # Memory usage
    - network         # Network IO
    - process         # Per process metrics
    - process_summary # Process summary
    - uptime          # System Uptime
    - core            # Per CPU core usage
    - diskio          # Disk IO
    - socket          # Sockets and connection info (linux only)
  enabled: true
  period: 10s
  processes: ['.*']


  cpu.metrics:  ["percentages"]  # The other available options are
normalized_percentages and ticks.
  core.metrics: ["percentages"]  # The other available option is
ticks.


#==================== Elasticsearch template setting
========================
setup.template.settings:
  index.number_of_shards: 1
  index.codec: best_compression


#============================== Dashboards
===================================
setup.dashboards.enabled: true
```

第6章　Beatsを体験する　131

```
#============================== Kibana
===================================
setup.kibana:
  #host: "localhost:5601"


#============================== Outputs
===================================

#------------------------------ Elasticsearch output
-----------------------------
output.elasticsearch:
  hosts: ["localhost:9200"]


#============================== Logging
===================================
#logging.level: debug
```

設定ファイルの準備ができた後、Metricbeat を起動します。

リスト 6.25: Metricbeat の起動

```
sudo service metricbeat start
```

Elasticsearch へデータが転送できたか、Kibana を開いて確認します。ブラウザを開いて Kibana（http://localhost:5601）へアクセスします。

Index Patterns の画面を開くと Filebeat の index パターンの他に Metricbeat の index パターンがあることがわかります。

図 6.7: Metricbeat の index を確認その 1

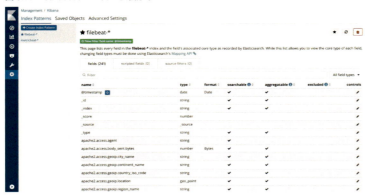

132　第 6 章　Beats を体験する

Dashboardをクリックし、Metricbeatのindexを確認します。

図6.8: Metricbeatのindexを確認その2

Metricbeat System Host OverviewというDashboardをクリックします。CPUやメモリー、プロセスの状態がDashboardに描画されています。

図 6.9: Metricbeat の Dashboard

　サーバーやコンテナなどに Metricbeat を導入すると、Kibana を利用してサーバーの状態をモニタリングすることができます。Kibana の Dashboard だけで全てのサーバーの状態が参照できるので、運用コストを下げることが可能です。

6.4　Auditbeat

　Linux サーバーへ攻撃がないかを確認するため、auditd が出力する `audit.log` をモニタリングしている方は多いのではないでしょうか。しかし、`audit.log` のモニタリングはハードルが高く、監視環境の構築に時間がかかります。

　Beats の Auditbeat を利用すると、Filebeat や Metricbeat のように少ない学習コストで `audit.log` のモニタリングが可能です。早速環境を構築していきましょう。

始めに、Auditbeat をインストールします。

リスト6.26: Auditbeat のインストール

```
sudo yum install auditbeat
```

Auditbeat にも、既存の設定ファイル@auditbeat.yml が存在します。今回の要件に合わせてリスト6.27を準備しました。設定内容を上書きして保存します。

リスト6.27: /etc/auditbeat/auditbeat.yml の編集

```
#=========================== Modules configuration
=============================
auditbeat.modules:

- module: auditd
  audit_rules: |

- module: file_integrity
  paths:
  - /bin
  - /usr/bin
  - /sbin
  - /usr/sbin
  - /etc

#===================== Elasticsearch template setting
==========================
setup.template.settings:
  index.number_of_shards: 3

#=============================== Dashboards
==================================
setup.dashboards.enabled: true
#setup.dashboards.url:

#=============================== Kibana
==================================
setup.kibana:
  #host: "localhost:5601"

#=============================== Outputs
==================================
```

第6章　Beats を体験する　135

```
#---------------------------- Elasticsearch output
-----------------------------
output.elasticsearch:
  enabled: true
  hosts: ["localhost:9200"]


#============================== Logging
===================================
#logging.level: debug
```

リスト6.27の準備ができた後、Auditbeatを起動します。

リスト6.28: Auditbeatの起動

```
sudo service auditbeat start
```

Elasticsearchにデータが保存されているか確認します。ブラウザを開いてKibanaへアクセスします。

Index Patternsの画面を開くと、Filebeatのindexパターンの他にAuditbeatのindexパターンがあることがわかります。

図6.10: Auditbeatのindex確認

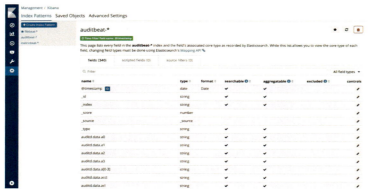

左ペインにあるDashboardをクリックします。検索ウィンドウからAuditbeatと入力すると、複数のDashboardがヒットします。

図 6.11: Auditbeat の Dashboard を確認

Auditbeat File Integrity Overview や Auditbeat Auditd Overview からモニタリングが可能です。

図 6.12: Auditbeat を用いたモニタリング

　Beatsの機能、いかがだったでしょうか？Moduleを有効化するだけで、簡単にサーバーの情報を可視化できる環境が手に入ります。他のBeatsについては今回扱いませんが、少ない学習コストで情報の可視化が可能です。みなさんもぜひ試してみてはいかがでしょうか。

第7章　Curatorを用いてIndexを操作する

7.1　Curatorとは

Curatorは、Elasticsearchに保存したログのindex操作や、スナップショットの取得などを行う運用支援ツールです。この章では、Elasticsearchに保存したindexの削除や、検索対象から外す方法について触れていきます。Curatorの詳細は、こちらのリンクhttps://www.elastic.co/guide/en/elasticsearch/client/curator/current/index.htmlを参照してください。

まず、Curatorの実行環境を構築します。

7.1.1　Curatorのインストール

始めに、Curatorのパッケージを取得するため、リポジトリの登録をします。ここで登録するリポジトリは、「AWSでLogstashを使ってみる」とは別のため登録が必要です。

リスト7.1: curator.repoの追加

```
sudo vim /etc/yum.repos.d/curator.repo
[curator-5]
name=CentOS/RHEL 6 repository for Elasticsearch Curator 5.x packages
baseurl=https://packages.elastic.co/curator/5/centos/6
gpgcheck=1
gpgkey=https://packages.elastic.co/GPG-KEY-elasticsearch
enabled=1
```

Curatorをインストールします。

リスト7.2: curatorのインストール

```
yum install elasticsearch-curator
```

7.2　indexの削除

ログ分析などの運用を行うと、大量のログデータが溜まっていきます。ログを保存しているサーバーのディスク容量を圧迫するので、結果としてパフォーマンス低下が発生する可能性があります。そこでCuratorの登場です。Curatorを使用すると、任意の期間を指定してindexを

削除することが可能です。

補足ですが、「AWS で Logstash を使ってみる」や「Beats を体験する」で Elasticsearch に保存したログは、日ごとに index が作成されていきます。たとえば、2018 年 4 月 1 日に Logstash が Elasticsearch に保存したログは、logstash-2018.04.01 という index に保存されます。2018 年 4 月 2 日に保存したログは、logstash-2018.04.02 という index に保存されます。100 日経過した時には、100index が作成されます。このように時系列で作成していく index を時系列 index と言います。

7.2.1 index の削除操作

index が 2018 年 4 月 1 日〜 4 月 5 日まであるとします。curl コマンドを利用して、index が存在することを確認します。

リスト 7.3: index の確認

```
curl -XGET localhost:9200/_cat/indices/logstash* | sort
yellow open logstash-2018.04.01 5 1 8 0  93.2kb  93.2kb
yellow open logstash-2018.04.02 5 1 9 0 102.8kb 102.8kb
yellow open logstash-2018.04.03 5 1 9 0 102.8kb  72.8kb
yellow open logstash-2018.04.04 5 1 4 0  14.5kb  14.5kb
yellow open logstash-2018.04.05 5 1 4 0  14.5kb 104.5kb
```

Curator は、設定ファイルとアクションファイルの 2 つのファイルで構成されています。設定ファイルの curator.yml を作成します。

リスト 7.4: curator.yml の作成

```
vim ~/.curator/curator.yml
```

リスト 7.5: curator.yml

```
---
client:
  hosts:
    - 127.0.0.1
  port: 9200
  url_prefix:
  use_ssl: False
  certificate:
  client_cert:
  client_key:
  ssl_no_validate: False
  http_auth:
```

第 7 章 Curator を用いて Index を操作する　139

```
    timeout: 30
    master_only: False

logging:
  loglevel: INFO
  logfile: '/var/log/curator'
  logformat: default
  blacklist: ['elasticsearch', 'urllib3']
```

主な設定項目について表で説明します。

表7.1: curator.yml の設定項目

No.	Item	Content
1	hosts	Elasticsearch の IP アドレスを指定
2	port	Elasticsearch のポートを指定
3	logfile	ログファイルの出力先の指定

次にindex削除を定義したアクションファイルのdelete_indices.ymlを作成します。今回は、1日分のindex保持させるため、unit_countを1に指定します。

リスト7.6: delete_indices.yml の作成

```
vim ~/.curator/delete_indices.yml
---
actions:
  1:
    action: delete_indices
    description: delete logstash index
    options:
      ignore_empty_list: True
      disable_action: False
    filters:
    - filtertype: pattern
      kind: prefix
      value: logstash-
    - filtertype: age
      source: name
      direction: older
      timestring: '%Y.%m.%d'
      unit: days
      unit_count: 1
```

140 | 第7章 Curator を用いて Index を操作する

主な設定項目について表で説明します。

表 7.2: delete_indices.yml の設定項目

No.	Item	Content
1	action	アクションを指定します（今回は、削除を指定）
2	filtertype	index のフィルター方式を指定します
3	pattern	任意の index パターンを指定する場合に使用します
4	age	時間指定する場合に使用します
5	unit	時間単位を指定します
6	unit_count	時間を指定します（今回は、unit で day を指定しているため、1 日分を保持）

index 削除の環境が整ったので、Curator を実行します。

まず Curator のコマンドラインの引数について説明します。オプションの--config は、curator.yml を~/.curator/curator.yml 以外のディレクトリに配置した場合、使用します。今回は、~/.curator/curator.yml に配置しているため、--config オプションは使用しません。

リスト 7.7: Curator の実行引数

```
curator [--config CONFIG.YML] [--dry-run] delete_indices.yml
```

それでは DRY-RUN で実行します。DRY-RUN を使用することで、設定ファイルに不備がないかを確認することができます。

リスト 7.8: Curator を DRY-RUN で削除実行

```
curator --dry-run ~/.curator/delete_indices.yml
```

/var/log/curator 配下に Curator の動作ログが出力されます。DRY-RUN で実行した場合、ログに DRY-RUN と表記されます。動作ログから、最新の index 以外は削除対象となったことがわかります。

リスト 7.9: ログの確認

```
cat /var/log/curator
INFO      Preparing Action ID: 1, "delete_indices"
INFO      Trying Action ID: 1, "delete_indices": delete logstash
index
INFO      DRY-RUN MODE.  No changes will be made.
INFO      (CLOSED) indices may be shown that may not be acted on by
action "delete_indices".
```

第 7 章　Curator を用いて Index を操作する 141

```
INFO       DRY-RUN: delete_indices: logstash-2018.04.01 with
arguments: {}
INFO       DRY-RUN: delete_indices: logstash-2018.04.02 with
arguments: {}
INFO       DRY-RUN: delete_indices: logstash-2018.04.03 with
arguments: {}
INFO       DRY-RUN: delete_indices: logstash-2018.04.04 with
arguments: {}
INFO       Action ID: 1, "delete_indices" completed.
INFO       Job completed.
```

次にDRY-RUNをオプションから外して実行します。

リスト7.10: Curatorで削除実行

```
curator ~/.curator/delete_indices.yml
```

Curator実行後、動作ログを確認します。

リスト7.11: /var/log/curatorの確認結果

```
INFO       Preparing Action ID: 1, "delete_indices"
INFO       Trying Action ID: 1, "delete_indices": delete logstash
index
INFO       Deleting selected indices: ['logstash-2018.04.10',
'logstash-2018.04.11']
INFO       DRY-RUN: delete_indices: logstash-2018.04.01 with
arguments: {}
INFO       DRY-RUN: delete_indices: logstash-2018.04.02 with
arguments: {}
INFO       DRY-RUN: delete_indices: logstash-2018.04.03 with
arguments: {}
INFO       DRY-RUN: delete_indices: logstash-2018.04.04 with
arguments: {}
INFO       Action ID: 1, "delete_indices" completed.
INFO       Job completed.
```

最後に、curlコマンドでindexが削除されているか確認します。

リスト7.12: indexの確認

```
curl -XGET localhost:9200/_cat/indices/logstash* | sort
curl -XGET localhost:9200/_cat/indices/logstash* | sort
```

142 | 第7章 Curatorを用いてIndexを操作する

```
yellow open logstash-2018.04.05 5 1 4 0  14.5kb 104.5kb
```

2018年4月5日のindexのみが保存されていることがわかります。

7.3　indexのCloseとOpen

次は、indexのClose方法について説明します。ログをElasticsearchに保存し続け、かつパフォーマンスは低下させたくないときにCloseを利用します。indexをCloseすることで、サーバーのメモリーを解放します。これにより、サーバーのパフォーマンスを維持できます。

Closeしたindexは、openを使用すれば再度データを閲覧することが可能です。

7.3.1　indexのClose

indexの削除を実施した時と同様、2018年4月1日〜4月5日までのindexがElasticsearchに保存されていると仮定します。

すでにcurator.ymlは作成済みなので、新しくclose_indices.ymlを作成します。

Closeするindexの対象は、最新のindex以外とします。

リスト7.13: close_indices.ymlの作成

```
vim ~/.curator/close_indices.yml
```

actionにcloseを指定し、indexをCloseします。

リスト7.14: close_indices.yml

```
---
actions:
  1:
    action: close
    description: close logstash index
    options:
      delete_aliases: False
      disable_action: False
    filters:
    - filtertype: pattern
      kind: prefix
      value: logstash-
    - filtertype: age
      source: name
      direction: older
      timestring: '%Y.%m.%d'
```

第7章　Curatorを用いてIndexを操作する　143

```
      unit: days
      unit_count: 1
```

DRY-RUNのオプションをつけて、Curatorを実行します。

リスト7.15: Curator を DRY-RUN で Close 実行

```
curator --dry-run ~/.curator/close_indices.yml
```

ログの実行結果から、Close対象のindexを確認します。

リスト7.16: ログの確認

```
cat /var/log/curator
INFO        Preparing Action ID: 1, "close"
INFO        Trying Action ID: 1, "close": close logstash index
INFO        DRY-RUN MODE.  No changes will be made.
INFO        (CLOSED) indices may be shown that may not be acted on by
action "close".
INFO        DRY-RUN: close: logstash-2018.04.01 with arguments:
{'delete_aliases': False}
INFO        DRY-RUN: close: logstash-2018.04.02 with arguments:
{'delete_aliases': False}
INFO        DRY-RUN: close: logstash-2018.04.03 with arguments:
{'delete_aliases': False}
INFO        DRY-RUN: close: logstash-2018.04.04 with arguments:
{'delete_aliases': False}
INFO        Action ID: 1, "close" completed.
INFO        Job completed.
```

次にDRY-RUNを外して実行します。

リスト7.17: Curator で close 実行

```
curator ~/.curator/close_indices.yml
```

DRY-RUNで実行した時と同様にログを確認します。

リスト7.18: ログの確認

```
INFO        Preparing Action ID: 1, "close"
INFO        Trying Action ID: 1, "close": close logstash index
INFO        Closing selected indices: ['logstash-2018.04.01',  （紙面の都
```

144   第7章　Curatorを用いてIndexを操作する

```
合により改行)
'logstash-2018.04.02', 'logstash-2018.04.03', 'logstash-2018.04.04']
INFO        Action ID: 1, "close" completed.
INFO        Job completed.
```

curコマンドを利用して、indexが存在することを確認します。

リスト7.19: indexの確認

```
curl -XGET localhost:9200/_cat/indices/logstash* | sort
```

2018年4月5日以外のindexがCloseされました。

```
curl -XGET localhost:9200/_cat/indices/logstash* | sort

yellow close logstash-2018.04.01 5 1 8 0  93.2kb  93.2kb
yellow close logstash-2018.04.02 5 1 9 0 102.8kb 102.8kb
yellow close logstash-2018.04.03 5 1 9 0 102.8kb  72.8kb
yellow close logstash-2018.04.04 5 1 4 0  14.5kb  14.5kb
yellow open  logstash-2018.04.05 5 1 4 0  14.5kb 104.5kb
```

7.3.2　indexのOpen

リスト7.19でCloseしたindexをopenします。

open_indices.ymlを作成します。過去5日分を対象にopenするため、unit_countを5に設定します。directionで新しい方から数えるのか、古い方から数えるのかを指定できます。今回は、新しい方から数えるため、youngerを指定します（古い方からの場合、olderを指定してください）。

リスト7.20: open_indices.ymlの作成

```
vim ~/.curator/open_indices.yml
```

リスト7.21: open_indices.yml

```
---
actions:
  1:
    action: open
    description: open logstash index
```

第7章　Curatorを用いてIndexを操作する | 145

```
    options:
      disable_action: False
    filters:
    - filtertype: pattern
      kind: prefix
      value: logstash-
      exclude:
    - filtertype: age
      source: name
      direction: younger
      timestring: '%Y.%m.%d'
      unit: days
      unit_count: 5
```

DRY-RUN オプションを利用して、Curatorを実行します。

リスト 7.22: Curator を DRY-RUN で Open 実行

```
curator --dry-run ~/.curator/open_indices.yml
```

DRY-RUNでログの実行結果を確認します。open対象のindexが、ログの結果からわかります。

リスト 7.23: ログの確認

```
cat /var/log/curator
2018-xx-xx xx:xx:xx,xx INFO        Preparing Action ID: 1, "open"
2018-xx-xx xx:xx:xx,xx INFO        Trying Action ID: 1, "open": open
logstash index
2018-xx-xx xx:xx:xx,xx INFO        DRY-RUN MODE.  No changes will be
made.
2018-xx-xx xx:xx:xx,xx INFO        (CLOSED) indices may be shown that
may not be acted on by action "open".
2018-xx-xx xx:xx:xx,xx INFO        DRY-RUN: open: logstash-2018.04.01
(CLOSED) with arguments: {}
2018-xx-xx xx:xx:xx,xx INFO        DRY-RUN: open: logstash-2018.04.02
(CLOSED) with arguments: {}
2018-xx-xx xx:xx:xx,xx INFO        DRY-RUN: open: logstash-2018.04.03
(CLOSED) with arguments: {}
2018-xx-xx xx:xx:xx,xx INFO        DRY-RUN: open: logstash-2018.04.04
(CLOSED) with arguments: {}
2018-xx-xx xx:xx:xx,xx INFO        DRY-RUN: open: logstash-2018.04.05
with arguments: {}
2018-xx-xx xx:xx:xx,xx INFO        Action ID: 1, "open" completed.
```

```
2018-xx-xx xx:xx:xx,xx INFO          Job completed.
```

次にDRY-RUNオプションを外してCuratorを実行します。

リスト7.24: Curatorでclose実行

```
curator ~/.curator/open_indices.yml
```

DRY-RUNで実行した時と同様にログを確認します。

リスト7.25: ログの確認

```
INFO        Preparing Action ID: 1, "open"
INFO        Trying Action ID: 1, "open": open logstash index
INFO        Opening selected indices: ['logstash-2018.04.05',
'logstash-2018.04.04', 'logstash-2018.04.03', 'logstash-2018.04.02',
'logstash-2018.04.01']
INFO        Action ID: 1, "open" completed.
INFO        Job completed.
```

curlコマンドを利用して、indexが存在することを確認します。

リスト7.26: indexの確認

```
curl -XGET localhost:9200/_cat/indices/logstash* | sort
```

Closeしたindexが再びopenされ、利用できる状態となりました。

```
curl -XGET localhost:9200/_cat/indices/logstash* | sort
yellow open logstash-2018.04.01 5 1 8 0  93.2kb  93.2kb
yellow open logstash-2018.04.02 5 1 9 0 102.8kb 102.8kb
yellow open logstash-2018.04.03 5 1 9 0 102.8kb  72.8kb
yellow open logstash-2018.04.04 5 1 4 0  14.5kb  14.5kb
yellow open logstash-2018.04.05 5 1 4 0  14.5kb 104.5kb
```

今回はCuratorの機能の一部分だけを紹介しました。みなさんのユースケースに合わせて、Curatorを使いこなしていただけると幸いです。

第8章 Kibanaを使ってデータを可視化する

サーバー監視やデータ分析をする際、テキストのデータの傾向をテキストのまま分析するのは辛いものです。この章では、この書籍を制作する際のgit commitがいつ・どのくらい行われているかについて分析し、可視化してみます。

8.1 コミットログを標準出力してみる

まずはGitのコミットログをファイルに出力します。git logコマンドでGitのコミットログを標準出力してみます。

筆者のOSはmacOS High Serriaですが、GitさえインストールしてあればOSの関係なく動くはずです。コマンドはGitリポジトリが存在するディレクトリで行う必要があります。

リスト8.1: Gitのコミットログを出力する

```
git log
```

コミットがある場合、このような形でコミットログが出力されます。

```
commit 18372016d051ad313f581244378470999c81d788
Author: MofuMofu2 <froakie002@gmail.com>
Date:    Sun Feb 18 16:07:47 2018 +0900

    [add] 本文がないとビルドがこけるので、テストファイルを追加
```

この出力形式では閲覧するのが大変です。Gitのコミットログを1行で出力する場合、--onelineオプションをつけます。

リスト8.2: Gitのコミットログを1行にして出力する

```
git log --oneline
```

コマンドを実行すると、次のように出力されます。

```
a5f089c [add] Kibanaの章を追加
1837201 [add] 本文がないとビルドがこけるので、テストファイルを追加
b4b18e9 [add] 著者リストを追加
```

出力内容が減っていることがわかります。--onelineオプションを利用すると、コミットの
ハッシュ値とコミットログ（1行目）しか出力されません。これは少し不便です。

　いつ、だれが、どんなコミットを作成したのかわからないと、各々の作業進捗を把握するこ
とはできません。ハッシュ値は作業進捗の把握に必須ではありませんが、ハッシュ値を取得し
ておけば、どのコミットが具体的な作業内容に紐づくのか把握することができます。

・ハッシュ値（コミットの特定のために必要）

・Author（だれがコミットしたのか特定するために必要）

・Authorのメールアドレス（連絡するための項目）

・コミット時刻（いつコミットしたのかを特定する為に必要）

・コミットメッセージ（概要を知るための項目）

　これを実現するために--pretty=formatオプションを利用します。formatの引数にどんな
情報を出力するのかを指定しています。

リスト8.3: Gitのコミットログを1行にし、かつ具体的な情報も出力する

```
git log  --oneline --pretty=format:"%h, %an, %aI, %f, %s "
```

表8.1: --pretty:format の引数について説明

引数	意味
%h	ハッシュ値
%an	Author（オリジナルの成果物を作成したユーザー）
%ae	Author のメールアドレス
%aI	Author がコミットを作成した時刻（ISO形式）
%f	変更点の概要（変更ファイル名・修正、追加など）
%s	コミットメッセージ

　コミットを作った人を出力したい場合、%cnのオプションを利用します。--prettyの具体的
なオプションはhttps://git-scm.com/docs/pretty-formatsで確認してください。

　コミットの時刻はISO形式で出力します。分と秒までわかった方が時系列を整理しやすいか
らです。git logを実行した例を記載します。

```
bcbf2e4, MofuMofu2, froakie002@gmail.com, 2018-02-18 19:16:24 +0900,
add-pretty, [add] prettyオプションを利用してテストデータを作成する
```

　これでも作業内容を把握することは可能ですが、できればグラフでいつ・だれがコミットを
作成したのか把握したいですよね。よって、Kibanaでこのコミットログをグラフにしてみたい
と思います。

第8章　Kibanaを使ってデータを可視化する　149

8.2　Gitのコミットログをファイルに出力して、データの準備をする

　GitのコミットログをKibanaで閲覧するために、まずはGitのコミットログをファイルに出力します。そのファイルをElasticsearchに投入してKibanaでグラフを作ります。

　Gitのコミットログをファイルに出力するには、gitコマンドの最後に>（ファイル名）.（拡張子）をつけます。オプションの後に半角スペースを入れてください。それではGitのコミットログをファイルに出力してみます。

リスト8.4: Gitのコミットログをファイルに出力する

```
git log  --oneline --pretty=format:"%h, %an, %aI, %f, %s "
>gitlog.json
```

　ファイルの出力先を指定したい場合、git log オプションいろいろ >articles/log/gitlog.jsonのように記述します。

　リスト8.4を実行すると、コミットログがファイルに出力されます。出力結果例は次のようなものです。

```
cdbfc69, keigodasu, 2018-02-25T11:21:26+09:00,
delete-unnecessary-file, delete unnecessary file
e39b32e, keigodasu, 2018-02-25T11:19:48+09:00, writing, writing
4aef633, keigodasu, 2018-02-24T13:05:42+09:00,
add-sameple-source-directory
6d352ee, micci184, 2018-02-24T11:25:58+09:00, add, [add]プロダクト紹介追
加
9605c33, micci184, 2018-02-21T13:13:08+09:00, add, [add]はじめにを追加
834051a, keigodasu, 2018-02-20T19:50:06+09:00, Writing, Writing
3d29902, keigodasu, 2018-02-20T19:44:29+09:00, Writing, Writing
178d741, keigodasu, 2018-02-20T19:32:10+09:00, Writing, Writing
a0f7254, keigodasu, 2018-02-20T19:18:38+09:00, Writing, Writing
bcbf2e4, MofuMofu2, 2018-02-18T19:16:24+09:00, add-pretty, [add]
prettyオプションを利用してテストデータを作成する
c0a1712, MofuMofu2, 2018-02-18T19:10:17+09:00, add-npm-git-log-json,
[add] npmプラグインを利用すると、git logをjson形式で出力するやつをサーバーのお
仕事にできそう
```

　Authorのメールアドレスは誌面に掲載する都合上オプションから取り除いています。では、これを本物のJSONのように整形していきたいと思います。

　--pretty=formatオプションの引数には、文字のベタ打ちも指定することが可能です。実際の出力結果をみるために、まずはリスト8.5を実行します。

150 　第8章　Kibanaを使ってデータを可視化する

リスト8.5: Gitのコミットログをjsonっぽく整形する

```
git log  --oneline
--pretty=format:'{"commit_hash":"%h","author_name":"%an",
 (ページの都合で改行)
"author_date":"%aI","change_summary":"%f","subject":"%s"}'
 (ページの都合で改行)
>gitlog.json
```

実行すると、次のようなファイルが生成されます。紙面の都合上、途中で改行しています。

```
{"commit_hash":"fd7fef2","author_name":"MofuMofu2",
 (ページの都合で改行)
"author_date":"2018-03-04T20:49:57+09:00",
"change_summary":"update","subject":"[update] コマンドと出力結果の見せ方を
わけた"}
```

JSON形式でログが出力されました。これをKibanaで利用するサンプルデータとしたいと思います。

git-log-to-jsonというnpmパッケージを利用すると（https://www.npmjs.com/package/git-log-to-json）、Node.jsを利用してgit logをJSON形式で出力できるようです。今回は本題から外れるので扱いませんが、活用してみてください。

8.3　Elastic Stackの環境構築

テストデータが準備できたので、いよいよKibanaを起動しましょう。本章のElastic Stack環境は全てzipファイルをダウンロード＆展開して構築しています。

まずMacにElastic-Stackという名前でディレクトリを作成し、その中に各プロダクトを配置しました。

筆者のElastic-Stack実行環境

```
Elastic-Stack--logstash-6.2.2
             |
             -elasticsearch-6.2.2
             |
             -kibana-6.2.2-darwin-x86_64
```

lsコマンドで確認した結果も参考として載せておきます。

```
~/Elastic-Stack $ ls -al
```

第8章　Kibanaを使ってデータを可視化する　151

```
total 0
drwxr-xr-x   6 mofumofu  staff    192  3  7 11:00 .
drwxr-xr-x+ 50 mofumofu  staff   1600  3  7 10:54 ..
drwxr-xr-x@ 11 mofumofu  staff    352  2 16 19:03 elasticsearch-6.2.2
drwxr-xr-x@ 16 mofumofu  staff    512  2 17 04:20
kibana-6.2.2-darwin-x86_64
drwxr-xr-x@ 16 mofumofu  staff    512  3  7 10:51 logstash-6.2.2
```

8.3.1　Elasticsearchの起動

elasticsearch-6.2.2ディレクトリに移動した後、bin/elasticsearchでElasticsearch
を起動します。

8.3.2　Logstashの起動

Kibanaで閲覧するGitのコミットログをElasticsearchに投入するため、Logstashを利用しま
した。このユースケースでは、Elasticsearchにデータを投入する手段にLogstashを利用してい
ます。しかし、他のプロダクトやElasticsearchのAPIなどを利用してデータを投入しても問題
はありません。

筆者はconfig/conf.dフォルダにgitlog-logstash.confを作成しました。

リスト8.6: gitlog-logstash.conf

```
input {
                file {
                        path => "/Users/mofumofu/log/*.json"
                        tags => "git-log"
                }
}

filter {
        json {
                source => "message"
        }
}

output {
        stdout { codec => rubydebug }
        elasticsearch { }
}
```

動作確認のために、念のため`stdout`で標準出力をするように設定しています。また、Elasticserchはローカル環境で起動したものを利用するため、IPアドレスなどは設定していません。デフォルトの設定は`localhost`のElasticsearchを参照するようになっているからです。

`logstash.conf`を配置後、`bin/logstash -f config/conf.d/gitlog-logstash.conf`でLogstashを起動します。このとき、Elasticsearchと同様に`logstash-6.2.2`ディレクトリに移動してからコマンドを実行します。筆者はiTerm2を利用しているので、別タブを開いて起動しました。`-f` コンフィグの配置場所でファイルパス、ファイル名を指定しないと「configがない」とエラーになりLogstashを起動できません。ここはトラブルになりやすいので気をつけるとよいでしょう。

8.3.3　Kibanaの起動

Elasticsearchにデータが投入できたので、Kibanaを起動します。これも他2プロダクトと同様に、`kibana-6.2.2-darwin-x86_64`ディレクトリに移動後、`bin/kibana`でKibanaを起動します。`Server running at http://kibana.yml`で記載したIPアドレス:ポート番号と出力されれば、正常に起動できています。

筆者は`kibana.yml`を修正していないため、`localhost:5601`でKibanaが起動します。

この状態でブラウザからhttp://localhost:5601/にアクセスすると、図8.1のような画面が見えているはずです。

図8.1: Kibana（ver6.2）の画面

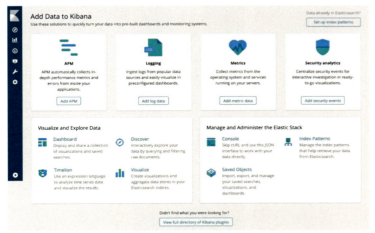

これで準備はできました。

8.4 Kibanaを使ってGitのコミット状況を閲覧する

では、早速Gitのコミットログ（以降git logとします）をグラフにしていきましょう。まずはKibana（http://localhost:5601）にアクセスします。kibana.ymlでURLを変更していた場合、自分で設定したURLへアクセスしてください。

アクセスすると、図8.1が見えていますね。まずは画面左端にある歯車アイコンを押してManagement画面を開きましょう。

8.4.1 利用するindexの設定を行う

Elasticsearchはindexにデータを保存しています。Kibanaでグラフを作るときに、どのindexを参照すればよいかはじめに設定する必要があります。

図8.2: Kibanaが参照するindexを設定する

画面下側にindexの名前が出てきます。コピー＆ペーストでIndex patternにindex名を入れてしまいましょう。index名の指定をするときは、*（アスタリスク）を利用することができます。たとえばlogstash-*と設定すればlogstash-で始まるindexを全て参照することができます。

デフォルトでは、LogstashからデータをElasticsearchに連携するときにlogstash-日付としてindexを作成します。なので、Logstash側でindexを指定していない場合、logstash-*をKibanaから参照するようにしておけば問題ありません。

次に、どのfieldを時刻として参照するか設定します。

図8.3: どのfieldを時刻として参照するか設定する

@timestampを選択すると、LogstashがデータをElasticsearchに連携した時刻を基準としてデータを閲覧することになります。今回はいつGitにコミットが作成されたかを閲覧したいので、author_dateを時刻として参照するようにします。

8.5　Discoverでgit logの様子を観察する

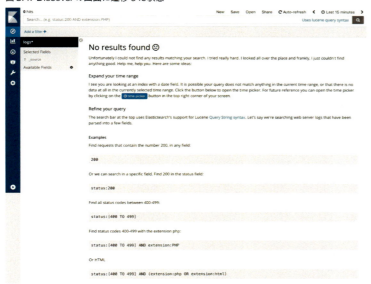

図8.4: Discoverの画面に遷移した状態

　画面左端にあるコンパスのアイコンを押すと、Discoverの画面に遷移します。DiscoverではElasticsearchに保存されているデータを直接参照することが可能です。画面上部のグラフは、いつ・どのくらいのデータがElasticsearchに保存されたかを示しています。ここで先ほどindexの設定時に指定した時刻を利用します。

　画面右上の時計マークでは、表示するデータの期間を指定しています。たとえば図8.4では、時刻がLast 15 minutesと設定されています。この場合、**今の時刻から**15分前までにコミットがあったデータ（＝author_dateの時刻が現在から15分前のもの）を閲覧する状態となっています。

　条件に当てはまるデータが存在しない場合、図8.4のようにデータが存在しないことを示す画面が表示されます。この場合、時計マークをクリックして時刻の範囲を変更しましょう。時刻を広めにとると何かしらのデータが表示されるはずです。それでもダメであれば、Elasticsearchにデータが保存されていない可能性があります。データの連係がきちんとできているかもう一度見直しましょう。

図 8.5: 時刻を調整して git log が Discover 画面に表示された

データの詳細を閲覧するためには、データの横にある ▶ をクリックします。JSON の field ごとにデータが別れて表示されるので、どの field に何のデータが保存されたかを確認することが可能です。

図 8.6: ▶ を押してデータの詳細を閲覧する

基本的なデータの参照方法がわかったところで、いよいよグラフを作成していきたいと思います。

8.6 Visualize で進捗を観察する

では、早速新しいグラフを作成します。画面左端の棒グラフアイコンをクリックして Visualize を開きましょう。開くと図 8.7 のように、グラフを選択する画面が開きます。すでにグラフが存在すれば、ここから詳細を閲覧することができますが、今回は何もグラフが存在しないので新しくグラフを作ります Create a visualization をクリックしてグラフを作成しましょう。

図 8.7: グラフが存在しないので新しく作る

Create a visualizationをクリックすると、図8.8のようにグラフの種別を選択する画面が出てきます。まずは基本の折れ線グラフを作成してみましょう。

図 8.8: グラフ種別の選択

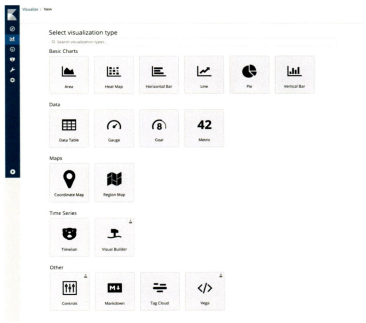

Lineを選択すると、どのindexデータを利用するかを指定する画面になります。indexの設定画面で指定した名前をクリックして次に進みましょう。

8.6.1 Line Chartを作成する

図 8.9: Visualizeの初期画面

これでは何も表示されていませんね。次の順序でグラフを作成したいと思います。
1．X軸（横軸）の設定を行う
2．Y軸（縦軸）の設定を行う
3．コミッターごとにグラフの線を分ける
4．見た目をいい感じに整える

X軸（横軸）の設定を行う

折れ線グラフなので、時系列でどのようにコミット数が遷移しているか分かると気持ちがいいですよね。というわけでX軸の基準を時間に変更したいと思います。

BucketsのX-Axisをクリックして、詳細画面を開きましょう。Aggregationでどんな基準をX軸にするのか決定します。Aggregationは集合という意味ですから、どんなデータの集まりをグラフにするのかを決定するという意味だとわかりますね。

今回はコミットの時間をX軸にしたいので、Date Histogramを選択します。すると、自動で自分が設定した時間軸がFieldに入ってきます。もちろん、ここで時間軸として利用するfieldを変更することも可能です。

図 8.10: X 軸を Date Histogram に

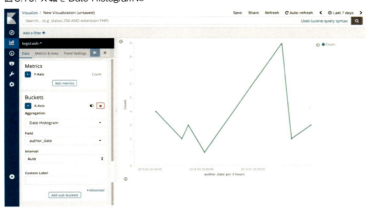

　設定を変更して画面左上の▶ ボタンをクリックすると、グラフが図 8.10 のように変化しました。このように、設定を変更したら▶ を押さないと変更が反映されません。画面全体をリロードすると、もう一度設定をやり直すことになります。

　Interval はデータをプロットする間隔を指定します。最初は Auto にしておいて、後から自分の好みで設定しなおすとよいでしょう。

Y 軸（縦軸）の設定を行う

　今度は Y 軸の設定を行います。今回は「いつどのくらいコミットがあったかをみたい」ことが目的なので、コミット数が時系列にプロットされていることが必要です。

　ただ、データの平均を見たいときは困りますね。Metrics の Aggregation をクリックすると今度はどんな方法でデータの数を数えるか変更することができます。デフォルトは Count なのでデータの数を縦にプロットしますが、Average に変更すると、データの平均をプロットすることが可能です。SQL のように、MAX・MIN・Sum といった演算をすることも可能です。ただし、これら数値を扱うような設定は、index に保存されているデータに数値型のものがないと利用できません。今回は文字列型のデータばかりですから、Count を利用することにしましょう。

図 8.11: Y軸の設定を行う Metrics

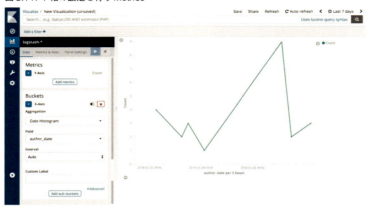

コミッターごとにグラフの線を分ける

現時点でも日によってコミット量に差がある、ということがわかって面白いのですが、コミッターごとにグラフを分割できたほうがもっと面白いですよね。誰がサボってる！とか、駆け込みコミット型ですね！などが分かれば進捗が管理しやすくなります。

というわけで、折れ線グラフをコミッターごとに分割しましょう。

`Buckets`の下側にある`Add sub-buckets`をクリックします。`Select buckets type`の画面が出てきて次の2種類が選択できるようになります。

・Split Series

・Split Chart

fieldの値ごとに折れ線グラフを分けて表示したい場合は`Split Series`を、1つの折れ線グラフをfieldの値ごとに分割したいときは`Split Chart`を利用します。今回はコミッターごとに折れ線グラフを分けたいので`Split Series`を編集していきます。どちらも編集の流れは同じなので、`Split Chart`を利用したい人もこれ以降の編集の流れを参照してみてください。

`Sub Aggregation`ではグラフを分割する基準を決めることができます。今回はgit logの`author_name`で分割したいので、`Terms`を指定してfieldを用いてグラフを分割できるように設定します。

`Field`で実際のfield名を指定します。図8.12では`author_name.keyword`と記載されていますが、field名の後にはデータの型が記載されています。プログラミング言語と違い、文字列型は`keyword`と記載されます。アイコンは「t」と書いてあるので`text`だと分かります。

`Order By`ではグラフとして表示する`author_name`は上位5名までと設定しています。`Descending`は上位XX、`Ascending`は下位XX名となります。

Order Byというと、SQLのORDER BY句を連想しますが、KibanaのOrder Byはソートに加え、指定した数しかグラフを表示してくれません。たとえば今回の場合、もし10人コミッターがいたとしても図8.12の設定ではコミット数上位5名しか表示されません。このように、Kibana

のグラフを作成するときは自分が可視化したいデータの特性をちゃんと把握しておくことが重要になります。

図8.12: コミッターごとに折れ線グラフを表示

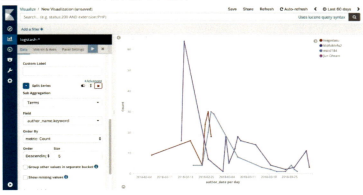

8.6.2 できたグラフを観察する

　ちょっと時間軸も長めに設定してみました（2ヶ月分くらいにしています）。筆者ちゃんが散々「2月中に初稿を書けよ！」と脅したせいかはわかりませんが、2月末だけ明らかにコミット量が増えています。そのあとは個人の好き好きに修正をかけたりしています。

　これをMetrics & Axcesオプションから棒グラフ（bar）にしてみると、図8.13のようになります。やはりコミット数の推移を見たいのであれば、折れ線グラフのようなプロット型の物を利用した方がわかりやすいですね。

図8.13: コミッターごとのコミット数を棒グラフにしてみた

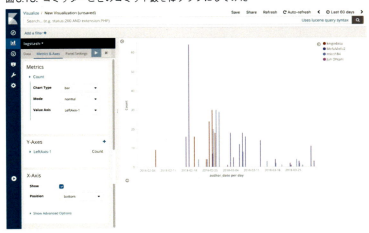

　グラフの保存は画面右上のSaveから行うことができます。好きな名前をいれて保存しておきましょう。保存しない場合、画面を閉じてしまったら設定は全部消えます。もう一度最初から

第8章　Kibanaを使ってデータを可視化する　　161

作り直しです。

8.7　この章のまとめ

　Kibanaを利用すると、データという文字の情報をグラフィカルに分析することができる、ということを体感いただけましたか？

　Kibanaの良い点を活かすために必要なことは、次の2点です。

・なるべく元データをLogstashなどデータ収集ツールが扱いやすい形に加工しておくこと

・データの特性・内容を把握しグラフを作成すること

　特に、データのパースにはそれなりのリソースを消費しますから、なるべくならデータはJSONなどの階層がある形式にしておきたいものです。

第9章　もっと便利にKibanaを利用するために

ここではKibanaの新しいバージョンであるバージョン6の特徴を紹介します。

9.1　みんなに配慮、優しい色合い

まず、大きく異なるのは全体の色味です。Kibanaのバージョン5（以降、Kibana5とします）はピンクや青など、明るい色をメインカラーとして使用していました。

ところがKibana6からは青を基調とした昆布のような色合いになっています。Kibana5と比較すると地味ですね。

なぜそんな地味カラーになってしまったのでしょう？これにはちゃんとわけがあります。

色盲という言葉をみなさんご存知でしょうか？ヒトの目は網膜の中に錐体細胞という細胞を持っています。この細胞、赤・青・緑を感じることができる物質をそれぞれ持っています。赤・青・緑の濃さを見分けて、色を見分けることができるのです。

色盲ではない人は3色の色を感じることができるのですが、何らかの原因で赤・青・緑の錐体細胞のどれかがうまく働かなくなってしまう人もいます。それが、色盲という状態です。この色盲、何と男性では20人に1人、女性の500人に1人の割合で見受けられる、という研究もあります（黄色人種の場合）。そして、赤系の色盲になる人が1番多いのです[1]。

Elasticsearch社はこの色盲の方に配慮してUIの色を変更したのです。

9.2　Dashboardの自動セットアップ

次に特徴的なのはAPMやLoggingです。これはModulesというElastic Stackの新機能です。「Beatsを体験する」でも触れていますが、専用のBeats Modulesを起動すると、Elasticsearchに自動で接続・KibanaのDashboardまで作成できます。とても便利ですね。

「じゃあもうVisualizeする必要はないのかな？」と思った方もいるかもしれません。ただこのModules、利用できるデータの種類に制限があります。Elastic Stack 6.2の時点で利用できるModulesは次のとおりです。（KibanaのUIの中で確認できます。）

・Apacheのログ
・Apacheのメトリクス
・APM
・Dockerのメトリクス

---

1. 参考：https://www.nig.ac.jp/color/gen/

・Kubernetes のメトリクス

・MySQL のログ

・MySQL のメトリクス

・Netflow

・Nginx のログ

・Nginx のメトリクス

・Redis のログ

・Redis のメトリクス

・システムログ

・システムのメトリクス

`Netflow` は Cisco 社が開発したネットワークトラフィックの詳細情報を収集するための技術です。`Redis` は NoSQL データベースの1種です。

Web サービスは性能が命ですから、性能やサービス監視の構築に手間をかけたくはありません。Modules を利用すれば、監視環境の構築コストを下げることができます。

9.3　Visualize の種類が増加

Visualize を利用すると、自分でグラフを作成できるというのはこれまでの章で紹介したとおりです。この Visualize がデフォルトで利用できるグラフが増えました。

Kibana5.4 から増えたグラフは次のとおりです。

・Goal

・Coordinate Map

・Region Map

・Controls

・Vega

この中でも異彩を放つ Vega についてここでは取り上げたいと思います。

9.3.1　Vega

Vega（https://vega.github.io/vega/）は、The UW Interactive Data Lab（http://idl.cs.washington.edu/about）が作成・開発している、データをグラフに描画するためのツールです。

Kibana と同じなのでは？と思う方もいるかもしれませんが、Vega はデータ・グラフを描画するための設定を JSON で管理します。一方、Kibana はグラフ描画に利用するデータは Elasticsearch から取得しますし、グラフの描画は GUI を用いて行います。

また、Vega で描画できるグラフの種類（https://vega.github.io/vega/examples/）は Kibana よりも多いです。特にデータ分析を行う場合に利用することが多い棒線グラフに標準偏差を記述することが可能です。

しかし、せっかくElasticsearchに投入されているデータが大量にあるのですから、それをより詳しく分析したいですよね。ということで、ベータ版ではありますがKibanaのGUIからVegaの機能を呼び出して利用できるようになりました。それがVisualize画面のVegaです。

図9.1: Vega

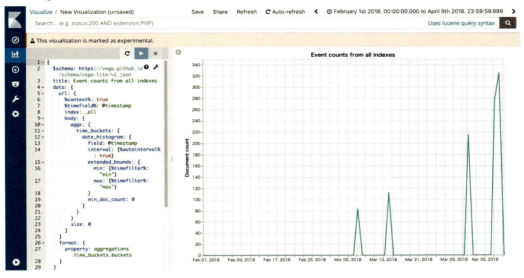

このグラフはベータ版なので開発が中止される可能性があります。よって、本番環境でVegaを利用することは推奨できません。

9.4 何気に嬉しい便利機能

これから紹介する機能を知っていると、よりKibanaを便利に利用できるかもしれません。

9.4.1 Dev Toolsの入力補完

「GoではじめるElasticsearch」の章ではコンソール上で直接ElasticsearchにQueryを発行していました。しかし、KibanaのGUIには`Dev Tools`という画面があります。これがすばらしいのです。

図9.2: Dev Toolsの画面

なにがすばらしいのか？それは、Queryを入力する途中で入力補完が出てくるというところです。

たとえば、今Elasticsearchに存在するindexを出したいなと思ったとします。

コンソール上でQueryを発行するのであれば、次のように手で記入します。

リスト9.1: Indexの存在を確認する

```
curl -XGET localhost:9200/_cat/indices/logstash-*
```

図9.3: Queryの入力予測が出力される

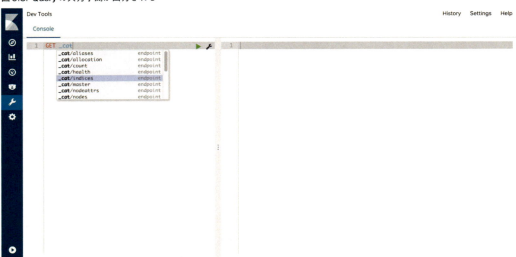

KibanaのDev Toolsで同じように記載する場合、図9.3のように、Queryの入力予測が画面に表示されます。毎度Queryを調べる必要はありません。コマンドラインで複雑なQueryを発行するよりも圧倒的に利便性が高いです。

Queryを発行するためには緑の▶ボタンをクリックします。

図9.4: Queryを発行した状態

JSONで値が帰ってくる場合、自動でシンタックスハイライトが適用されているので、可読性も高いです。

図9.5: jsonでデータが返却されたとき

作業用コンソールをいくつも立ち上げておくのは事故の元、と言いますが、Elasticsearchに

第9章 もっと便利にKibanaを利用するために 167

限っていえば、Dev Toolsを利用することで作業用ウィンドウを1つ節約できます。みなさんも使ってみてはいかがでしょうか。

9.4.2 Chart系が一括で切り替えできる

Line Chart（折れ線グラフ）・Area Chart（面グラフ）・Bar Chart（棒グラフ）は、Metrics & Axcesの中でグラフの種別を切り替えられるようになりました。今までは種別を切り替えたい場合、新しくVisualizeを作成し直す必要がありました。しかし、折れ線グラフと面グラフ、どちらが閲覧しやすいかなと迷っているときに、毎回グラフを作成し直すのは不便です。

なので、このChartの切り替え機能はとても便利でありがたいものです。図9.6・図9.7・図9.8はChart Typeの以外は全て同じ設定を利用しています。利用しているデータ・表示期間も同じです。

図9.6: 折れ線グラフのとき

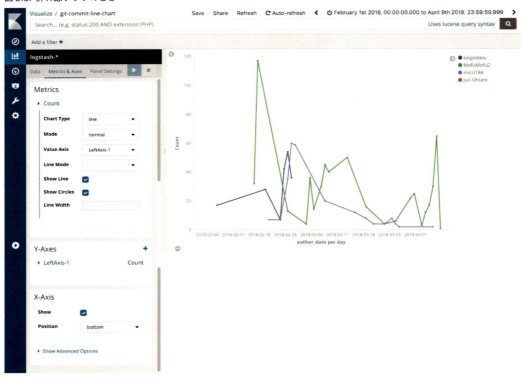

168　第9章　もっと便利にKibanaを利用するために

図9.7: 面グラフのとき

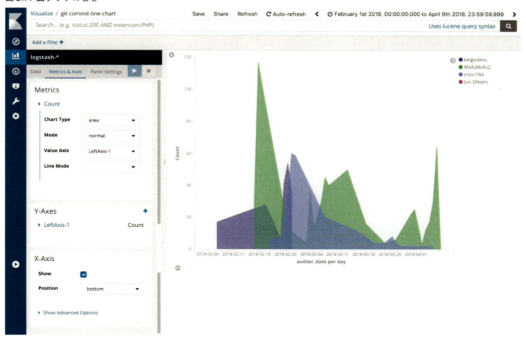

図9.8: 棒グラフのとき

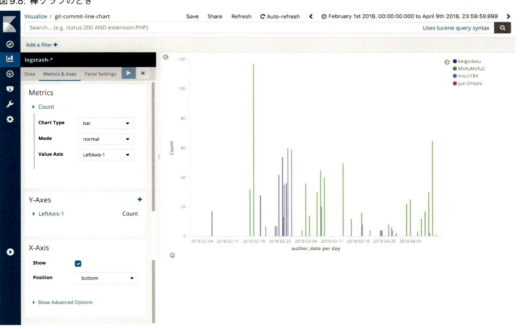

グラフの種別が異なるだけで、受ける印象が変わりますね。Kibanaの良いところは気軽にグラフを作成・削除できることです。検索の利便性を上げるために、色々オプションを試して閲

覧性の高いグラフを作っていきましょう。

9.4.3　Discoverの検索窓にQueryのSyntax例が入っている

まず、図9.9をみてください。

図9.9: 検索窓にQuery Syntax例

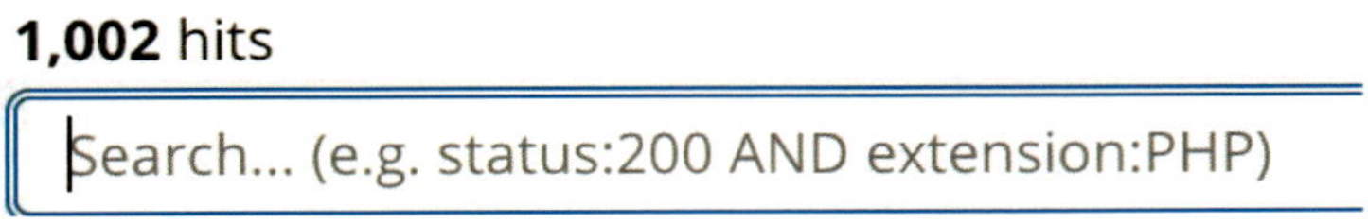

1,002 hits

Search... (e.g. status:200 AND extension:PHP)

Kibana5までは検索用Queryを入力するためのテキストボックスは真っ白なものでした。[2]

今までは検索用Queryがわからないとき、ブラウザを開いてQueryの記述方法を調べるか、データが存在しない時刻を表示してQueryが記載されている画面を出すしかありませんでした。しかし、検索窓に例が記述されていれば何かしらの検索はすぐできますよね。これはとてもありがたいことです。この細やかで目立たないけれど利便性を上げる努力から、Elasticsearch社がElastic Stackをより多くの人に利用してほしい、という気遣いを感じられます。

2.Kibana Discoverでインターネットの画像検索をすると、Kibana4・Kibana5の画面を閲覧することが可能です。

著者紹介

石井 葵 (いしい あおい)

Elasticsearch、Kibana、Logstashを使用したデータ分析基盤の設計・構築をメインに行なうインフラエンジニアだったが、最近配属が変わって新卒なエンジニアの教育を実施している。新卒エンジニアと一緒にプログラミングやアプリケーション開発手法を学ぶ日々を過ごしている。

前原 応光 (まえはら まさみつ)

AWS/GCPなどの大規模なクラウドの導入/プラットフォーム構築に従事。サービスのセキュリティ強化のコンサルを実施すると共に、Logstash/Elasticsearch/Kibanaを用いてのSIEM導入/開発を行なっている。

須田 桂伍 (すだ けいご)

Hadoop/Spark/Kafka/Elasticsearchをはじめとするビッグデータを支えるOSSプロダクトの案件導入/開発に従事。Elasticsearchを用いた記事検索システムや、Kafkaによるデータ収集基盤の構築といったデータ分析基盤の導入/開発だけでなく、基幹領域での業務バッチ処理へのHadoop/Spark導入など、ミッションクリティカルな領域でのプロダクト活用にも注力。

◎本書スタッフ
アートディレクター/装丁：岡田章志＋GY
編集協力：飯嶋玲子
デジタル編集：栗原 翔

技術の泉シリーズ・刊行によせて
技術者の知見のアウトプットである技術同人誌は、急速に認知度を高めています。インプレスR&Dは国内最大級の即売会「技術書典」(https://techbookfest.org/) で頒布された技術同人誌を底本とした商業書籍を2016年より刊行し、これらを中心とした『技術書典シリーズ』を展開してきました。2019年4月、より幅広い技術同人誌を対象とし、最新の知見を発信するために『技術の泉シリーズ』へリニューアルしました。今後は「技術書典」をはじめとした各種即売会や、勉強会・LT会などで頒布された技術同人誌を底本とした商業書籍を刊行し、技術同人誌の普及と発展に貢献することを目指します。エンジニアの"知の結晶"である技術同人誌の世界に、より多くの方が触れていただくきっかけになれば幸いです。

株式会社インプレスR&D
技術の泉シリーズ　編集長　山城 敬

●お断り
掲載したURLは2018年6月8日現在のものです。サイトの都合で変更されることがあります。また、電子版ではURLにハイパーリンクを設定していますが、端末やビューアー、リンク先のファイルタイプによっては表示されないことがあります。あらかじめご了承ください。
●本書の内容についてのお問い合わせ先
株式会社インプレスR&D　メール窓口
np-info@impress.co.jp
件名に、「『本書名』問い合わせ係」と明記してお送りください。
電話やFAX、郵便でのご質問にはお答えできません。返信までには、しばらくお時間をいただく場合があります。なお、本書の範囲を超えるご質問にはお答えしかねますので、あらかじめご了承ください。
また、本書の内容についてはNextPublishingオフィシャルWebサイトにて情報を公開しております。
http://nextpublishing.jp/

●落丁・乱丁本はお手数ですが、インプレスカスタマーセンターまでお送りください。送料弊社負担でお取り替えさせていただきます。但し、古書店で購入されたものについてはお取り替えできません。
■読者の窓口
インプレスカスタマーセンター
〒101-0051
東京都千代田区神田神保町一丁目 105番地
TEL 03-6837-5016／FAX 03-6837-5023
info@impress.co.jp
■書店／販売店のご注文窓口
株式会社インプレス受注センター
TEL 048-449-8040／FAX 048-449-8041

技術の泉シリーズ

Introduction of Elastic Stack 6
これからはじめるデータ収集&分析

2018年6月15日　初版発行Ver.1.0（PDF版）
2019年4月12日　Ver.1.1

著　者　石井 葵,前原 応光,須田 桂伍
編集人　山城 敬
発行人　井芹 昌信
発　行　株式会社インプレスR&D
　　　　〒101-0051
　　　　東京都千代田区神田神保町一丁目 105番地
　　　　https://nextpublishing.jp/
発　売　株式会社インプレス
　　　　〒101-0051　東京都千代田区神田神保町一丁目 105番地

●本書は著作権法上の保護を受けています。本書の一部あるいは全部について株式会社インプレスR&Dから文書による許諾を得ずに、いかなる方法においても無断で複写、複製することは禁じられています。

©2018 Aoi Ishii,Masamitsu Maehara,Keigo Suda. All rights reserved.
印刷・製本　京葉流通倉庫株式会社
Printed in Japan

ISBN978-4-8443-9829-5

●本書はNextPublishingメソッドによって発行されています。
NextPublishingメソッドは株式会社インプレスR&Dが開発した、電子書籍と印刷書籍を同時発行できるデジタルファースト型の新出版方式です。https://nextpublishing.jp/